令人惊叹的

An Illustrated Guide to the Amazing Insects of the World

世界昆虫图鉴

〔英〕保罗·兹波罗夫斯基　著

王吉申　译

河南科学技术出版社

·郑州·

令人惊叹的

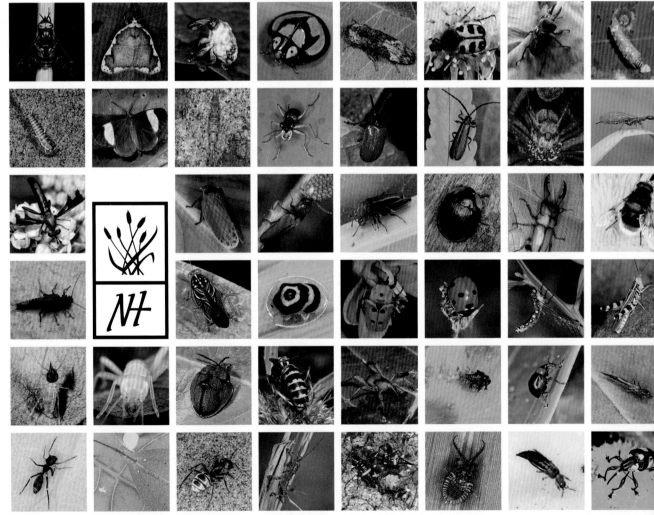

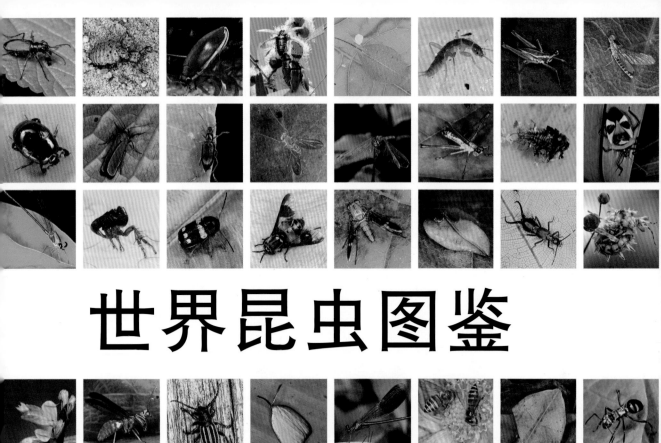

世界昆虫图鉴

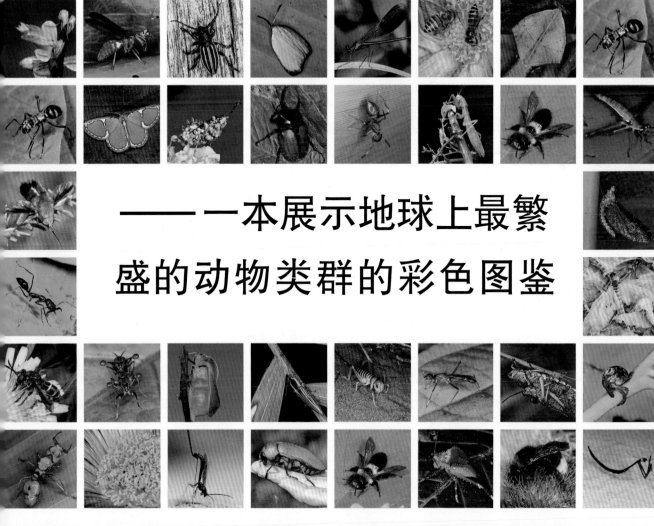

—— 一本展示地球上最繁盛的动物类群的彩色图鉴

作者简介

保罗·兹波罗夫斯基（Paul Zborowski）是一位昆虫学家和摄影家，他在世界各地长期搜寻和记录无脊椎动物。他对于将自然界在微距镜头下的细节呈现给更广大的读者有着非常高的热情。他根据所建立的在线图库（www.close-up-photolibrary.com）中的素材，已经编写了15本自然类的图书。他是一位在野外探寻自然奥秘的科学家，在世界各地进行了很多次长期的野外调查。作为一名兼职老师，他也向大众传播科学和摄影的知识。

蝴蝶在亚马孙河岸边的沙滩上群集，吸取营养。河岸上时常会有一些雄性蝴蝶需要的稀有营养物质，比如尿素。

目 录

引言

昆虫可以说是字面意义上自然界中最庞大的群体了。要在一本书中介绍、讨论和讲解这些无比迷人的生物，该从何开始、从何结束呢？

已知的昆虫物种已超过100万种，很多物种还没有被人类发现和命名，每种昆虫的故事累积起来几乎是无穷无尽的。俗话说"一图胜千言"，这本书中1 000多幅图片都配有相应的解说，将读者带入探索发现的过程中。人有无数种生活方式，昆虫也一样。昆虫的具体行为、行为背后的原因、在哪里以及如何展现这些行为，这些简单的事实，包含着与众不同、匪夷所思的故事。

将全世界的昆虫展示出来，也就意味着对许多不同生活环境的呈现。昆虫适应了地球上所有的主要环境类型，这里面包括了一些十分令人吃惊的地方。它们取食植物、真菌、碎屑，甚至其他动物，还包括我们人类的寄生虫。众所周知，热带雨林拥有最多的昆虫物种，但普通人的家中也会有很多令人意想不到的昆虫。在最干燥的沙漠中，也有昆虫适应了几乎不可能生存的环境。昆虫是冷血动物，有些成员却能生活在被冰雪覆盖的地表。在热泉表面有蝇类在飞舞和捕猎，在洞穴和地下暗河中也有昆虫终生不见天日。

（一）演化

昆虫远在恐龙时代之前就已经出现，最早的昆虫化石可以追溯到4亿年前。昆虫极高的繁殖速率以及每一代的大量个体提高了一些随机突变的发生机会，而这些突变恰恰可能对生存有好处。一段基因若是能够让感觉器官更加敏锐，或者延长捕猎距离、提高速度，就更有可能在后代中取得优势。然而，关于能够表达的随机突变最为神奇的事情，是它对昆虫外表的影响。昆虫外表各不相同，有的鲜艳多姿、光彩夺目，有的低调暗淡，有的长满尖刺，有的浑身是毛，这些特别的性状都可能是昆虫赖以谋生的手段。不过，一般的奇形怪状和多变斑纹可能仅仅是一些"没有害处"的性状。如果一段基因的表达并不会对这个物种带来不利影响，那么它很有可能在一些甚至所有的种群中持续存在。关于昆虫为何如此兴盛和多样的解释可能是不合逻辑的，而是较为中性的论断。这既不会帮助什么也不会阻碍什么，因此它被沿用至今。

"欺骗"也是值得探究的有趣现象。红色、橙色和黄色是捕食性昆虫的常用配色，发挥着警示作用。比如，对比鲜明的红色、黑色、黄色和白色时常意味着这种昆虫取食有毒植物，并将其毒素储存在体内。鸟类若是吃了这样的昆虫，常会将其吐出而不会被毒死，于是就学会了识别这种预示着危险的配色。然而，有一些其实没有毒性的昆虫，也会演化出类似的配色，可以通过这种"欺诈"的方式骗过捕食者，这种现象被称作"拟态"。这

一头保存完好的巨大蜻蜓化石，来自大约1.4亿年前。注意它非比寻常的巨大翅膀。这些昆虫与恐龙共享了地球，侏罗纪晚期是它们最繁盛的时代。然而，更早一些的原始蜻蜓，翅展达70 cm的巨物，早在2亿多年前就已经出现了。

相当于一场无法预知结果的赌博，太多的拟态者会使得捕食者不得不从足够多的警示中学习，因此这些昆虫还是可能会被吃掉。这种针对自然选择的不断博弈，至少部分解释了昆虫物种为何如此繁多。破碎化的生活环境、互相隔绝的种群、环境的变化（比如全球变暖），以及突然的环境灾难也驱动着物种的演化。

这本书按照演化的顺序介绍昆虫，从最古老的昆虫衣鱼等开始，到最新出现的类群如蜂类结束。

（二）昆虫的身体

昆虫是庞大的节肢动物门的成员。"节肢"，顾名思义，指的是"分节的足"。它们身体的各部分都有分节，体表还覆盖有坚硬的外骨骼。这层替代皮肤的外骨骼十分坚固，使得这些生物不需要内骨骼的支持。外骨骼都很轻，可以保护从任何高度掉下来的昆虫，使其不至于受伤，还能让它们在仪式性或真实的打斗中存活下来。外骨骼有时也可以比较柔软，比如毛虫的外骨骼。所有的外骨骼都是由一种特殊的多糖物质——几丁质【译者按：几丁质并不是蛋白质，而是多糖，此处不可逐字翻译】构成的。这种物质不仅足够坚硬，而且还能防水，因此一些昆虫可以在火热的沙漠中存活而不至于马上被烤干。

昆虫没有肺或类似的呼吸器官。它们通过身体两侧叫作"气门"的开口呼吸【编者按：此处可加入"气门通向体内的气管系统"】。气门吸入空气后，还能主动关闭，特别是在水生昆虫中。这套系统的工作十分高效，但却成为限制昆虫个体大小的因素之一。昆虫的个体大小变化很大，从肉眼几乎

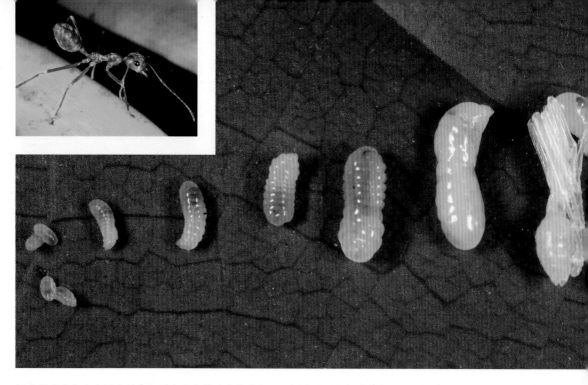

昆虫的完全变态生活史是它们最为非凡的适应方式之一。图中展现的是黄猄蚁*Oecophylla smaragdina*从卵、幼虫、蛹（最右）的发育过程。蛹是幼虫的身体重组为成虫的一个阶段。这样的历程允许同一个物种在生活史的不同阶段采取不同的生存策略。

看不见、体长仅0.4 mm的寄生蜂，到比一些小型哺乳动物还重、体长达16 cm的甲虫。昆虫的"腰围"——身体的粗细，受限于有多少空气能渗透到其内部。世界上最长的昆虫——一种竹节虫，可以长到大约60 cm；而非洲的大王花金龟只有约6 cm长。有些能够长距离飞行的昆虫如蝗虫，身体较为柔软，能够利用翅膀上下拍打时产生的动能，在胸部形成一个气泵，提高呼吸的效率。

　　昆虫身体主要分为三段：头部、胸部和腹部。每一段又由许多分开的节和骨片组合到一起。当昆虫需要生长时，会脱掉原来的一整个外骨骼，这时新的外骨骼在其下方形成，准备接触空气后变硬。这个过程被称作"蜕皮"。对昆虫生活史的描述时常涉及一只幼虫或若虫要经历多少次蜕皮。蜕皮一般在夜晚进行，因为在这个过程中的昆虫是十分脆弱的。

　　一些昆虫没有蛹期，它们的若虫生下来就像一只小型的成虫，生活史中要经历5~20次甚至更多次蜕皮。最后一次蜕皮时，它们才长出翅膀和生殖器官，变为成虫。蝗虫就是一个很好的例子，它们从没有成熟翅膀的蝗蝻逐渐成长为能飞的成虫。这种生长发育方式，被称作不完全变态。

　　生活史中经历蛹期的昆虫，其生长发育方式被称作完全变态。它们要历经幼虫，或称"毛虫"阶段，这时它们纯粹是一些蠕虫一样的取食机器。经过6~8次蜕皮，它们进

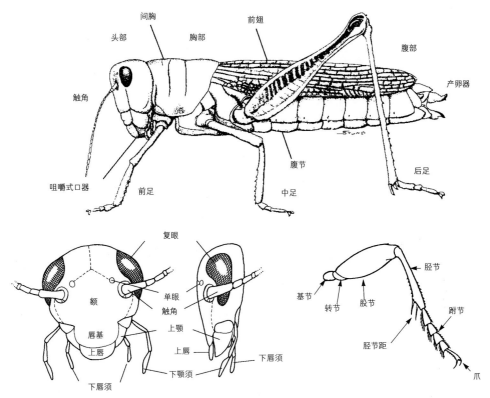

典型的昆虫-蝗虫-身体各部分示意图

入蛹期，有时还会在蛹的外部织一个丝茧。在蛹内部，昆虫完全地将它们的细胞重组成有翅、形态功能完全不一样的成虫。蝴蝶和甲虫是这种完全变态方式最好的例子。这种变态方式的好处是，在生活史的幼虫、成虫阶段有着截然不同的生活方式、不同的食物需求，甚至在短暂的成虫期完全不需要吃东西。

　　昆虫身体上的许多结构有着几百个特别的称谓。在这里，我们只介绍一小部分。除了让初学者了解一些基础知识之外，还将通过这本书的图注来讲述更细致的故事。

　　（三）分类

　　将物种进行描述，并将相近缘的物种放在特定的类群内的实践，被称作"分类学"。每一个人们新发现的物种，都可以被置于一棵巨大的"家族树"上。目前，昆虫纲（Insecta）被分为了26个目。目是昆虫纲下最大的分类阶元，可以把甲虫类与蝇类区别开。在目之下，是科。科可以把甲虫所属的鞘翅目内的瓢虫和金龟子区分开。在科之下，是属和种。任何一个物种的科学名称，是属名和种加词连在一起合成的（双名法），属名和种加词一般是来自拉丁语或者希腊语，有时起到帮助描述物种的作用。例如，七星瓢虫的拉丁学名是*Coccinella septempunctata*，种加词"*septempunctata*"翻译过来就是"7个斑点"的意思。需要注意的还有，拉丁学名必须用斜体印刷。

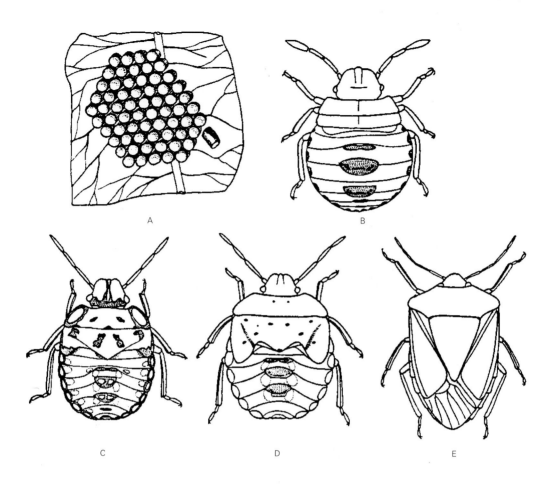

不完全变态，或者称作外翅部（exopterygote）昆虫的生活史。图示为半翅目Hemiptera蝽科Pentatomidae
的昆虫：（A）卵；（B）1龄若虫；（C）3龄若虫，可见微小的翅芽；（D）末龄若虫，可见成型的翅
鞘；（E）成虫，可见完全成型的翅。

　　如果你知道一只昆虫属于哪个科，那你大概也能猜测出它的生活史，也可能推知
其生活习性。这本书主要是对昆虫世界的图文介绍，对所有出场的昆虫都至少鉴定到了
科，大多数昆虫鉴定到了属，一些昆虫鉴定到了种。书里的昆虫照片都是从世界各地的
自然生境中拍摄到的。这些图片展示了昆虫如何站立、取食、捕猎、伪装，以及更多的
习性，每一个图都有图注来讲述一个故事。然而，因为许多图片没有采集相应的标本以
便后期分析，并不能完全做到准确鉴定。很多昆虫只生活在世界最偏远的角落，有的还
未被科学认知，没有被命名。本书的每一章，对昆虫的目里一些代表性的科和种进行介
绍。对每个目来说，随着更多的物种被发现，或者现代分子生物学家对传统、基于形态
学的分类学单元进行修订后，这些科和种的数量会一直处在变化中。

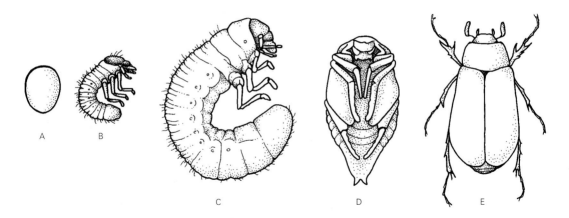

完全变态，或者称作内翅部（endopterygote）昆虫的生活史。图示为鞘翅目Coleoptera金龟科Scarabaeidae的昆虫：（A）卵；（B）初龄幼虫；（C）末龄幼虫；（D）不大运动的蛹，可见发育中的成虫器官，如翅鞘；（E）有翅的成虫。

请欣赏图注中提供的大量故事，以及这些昆虫惊人的多样性。作者希望本书的内容能够激发读者更多的兴趣，故一份包含了多种格式的文献列表也被附在书的最后，可以让读者更进一步地迈进昆虫世界。

昆虫纲Insecta

各目列表

原始的无翅昆虫——无翅亚纲Apterygota

石蛃目Archaeognatha	石蛃
缨尾目Thysanura	衣鱼

有翅昆虫（成虫期）——有翅亚纲Pterygota

外翅类昆虫——不完全变态

这一类昆虫的幼期（若虫）与成虫相似，翅在身体的外侧发育。例如蟑螂的若虫，看起来就像一只缩小版的成虫，在其最后一次蜕皮后才长出完整的翅，变为成虫。

蜉蝣目Ephemeroptera	蜉蝣
蜻蜓目Odonata	蜻蜓和豆娘
襀翅目Plecoptera	石蝇
蜚蠊目Blattodea	蜚蠊和白蚁
螳螂目Mantodea	螳螂
蛩蠊目Grylloblattodea	蛩蠊
螳䗛目Mantophasmatodea	螳䗛
革翅目Dermaptera	蠼螋
直翅目Orthoptera	蟋蟀和蝗虫
䗛目Phasmida	叶䗛和竹节虫
纺足目Embioptera	足丝蚁
缺翅目Zoraptera	缺翅虫
啮虫目Psocoptera	啮虫、书虱和虱子
半翅目Hemiptera	蝽、蜡蝉、蝉、蚜虫和介壳虫
缨翅目Thysanoptera	蓟马

内翅类——进行完全变态的昆虫

这一类昆虫的幼期（幼虫）与成虫差异巨大，要经历蛹的阶段，且翅在体内发育。例如蝴蝶，要经历幼虫、蛹、成虫的发育阶段。

广翅目 Megaloptera	泥蛉和齿蛉
蛇蛉目 Raphidioptera	蛇蛉
脉翅目 Neuroptera	包括草蛉和蚁蛉
鞘翅目 Coleoptera	各种甲虫
捻翅目 Strepsiptera	捻翅虫
长翅目 Mecoptera	蝎蛉
蚤目 Siphonaptera	跳蚤
双翅目 Diptera	蝇类
毛翅目 Trichoptera	石蛾
鳞翅目 Lepidoptera	蛾子和蝴蝶
膜翅目 Hymenoptera	胡蜂、叶蜂、蚂蚁和蜜蜂

　　　令人惊叹的世界昆虫图鉴

一、石蛃

石蛃目Archaeognatha

2科470种

石蛃是最为罕见的原始昆虫类群之一。它们的外表与衣鱼（下一章）非常相似，但身体向背侧拱起而非扁平，而且身体末端的3条"尾巴"（1对尾须和1条中尾丝）中的中间一条要比其他两条长。它们的头部一般有1对非常大并在中间相接的复眼。

世界上大概有470种石蛃。它们生活在落叶层、石缝中、树皮下，或者海滩的碎木屑中及湿润的森林里。石蛃大多都在夜间活动，被打扰时会迅速跳走。有些种类跳跃时，只能看到身体一颤。它们的食物一般是腐烂的植物碎屑、藻类或地衣。在交配后，雌性产下大约15枚卵，并将其聚成一小堆。卵孵化出与成虫相似的若虫。这些若虫大约要蜕皮9次才能成为成虫。

右图：多岩石的海滩是一个寻找行踪隐秘的**石蛃**的好地方。在高于最高潮位线的石缝里经常能发现许多石蛃在取食海浪带来的藻类和植物残渣。这是一种欧洲常见的石蛃。体长1.2 cm（0.5 in）。

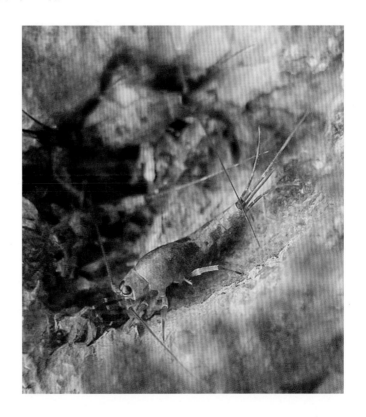

对页图：来自加里曼丹岛热带雨林的一种**石蛃**。这里阴暗潮湿的环境使得这种石蛃在白天也很活跃，在树皮上咀嚼藻类。体长1.5 cm（0.6 in）。

二、衣鱼

缨尾目Thysanura
4科400种

　　这些无处不在的原始昆虫保留了它们3亿年前就已经演化出来的、对环境高度适应的身体结构。它们的外表看起来与石蛃相似，但身体末端的"尾巴"是一样长的，而且身体的背侧也不拱起，而是比较扁平。大多数物种的复眼都很小，与石蛃常有的大眼睛也不一样。全世界大约有400种衣鱼，它们一般躲藏在落叶层、树皮下或洞穴中。一些成员，尤其是**衣鱼科Lepismatidae**的物种，对人类的居所做出了完美的适应。这些昆虫就是典型的"银鱼"【译者按：即英文俗称"silverfish"】，它们的身体表面覆盖着一层银色的鳞片。这些微小的鳞片非常滑，碰触时非常容易脱落。这种绝佳的防御手段可以让来犯的捕食者被鳞片阻挡，使得衣鱼能够溜之大吉。哪怕是普通的蜘蛛网也只能粘住鳞片，但一种非常特殊的捕食者——花皮蛛是个例外。这些小型、不织网的蜘蛛将丝腺和毒腺合二为一，在1秒内能发射成百次短丝。滑滑的衣鱼在花皮蛛喷射出的丝阵中也会被缠住。

　　行踪隐秘的衣鱼寿命很长，可达4年。它们一般仅在夜间活动。住宅中出现的物种会被视作害虫，因为它们会吃胶质和一些衣物材料，包括丝质品。在野外，衣鱼是杂食性昆虫，吃各种腐烂的动植物。一些物种通过分泌蚂蚁习以为常的气味物质而能够在蚁巢中生存。

典型的"银鱼"，栉衣鱼Ctenolepisma sp.，在世界各地的住宅里经常被发现。这张图显示的是它作为害虫的一面，趴在一本书上。书装帧中所用到含有淀粉的浆糊是它们喜欢的食物。体长1.2 cm（0.5 in）。

图中为放大的**衣鱼**身体表面的鳞片。这张图既显示了"银鱼"这个俗称的由来，又能方便我们想象，当捕食者试图抓住一只衣鱼时，这些鳞片会很容易脱落。

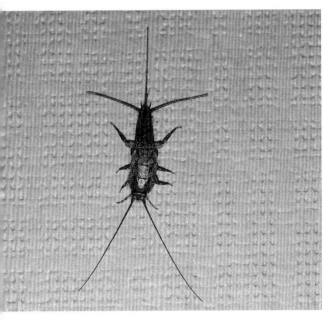

这类昆虫的另一个英文俗名是"firebrat"，意为"火顽童"【译者按：指的是它们喜欢在火炉周围活动的习性】。**家衣鱼**Thermobia domestica furnorum在温暖的房屋中很常见，它们容易被温暖的地方如集中供暖的锅炉房所吸引。虽然不是什么害虫，却比较难以辨认。

这是**栉衣鱼属**Ctenolepisma的另一种**衣鱼**，生活在西南非洲纳米布沙漠的干旱沙丘中。一些昆虫适应了这里的干旱环境，从清晨飘来的寒冷的大西洋雾气中获取所需的水分。在日出之前，这种衣鱼会在沙丘上挖出一个与雾气的方向相反的坑，然后喝掉在坑边缘凝结的水珠。体长1.5 cm（0.6 in）。

三、蜉蝣

蜉蝣目Ephemeroptera
42科3 000种

对喜欢路亚钓鳟鱼的人来说，蜉蝣是他们非常熟悉的昆虫了。蜉蝣的生活史包含一段很长的水生稚虫期和很短的、会飞的成虫期。极大数量的成虫在水面上方交配，但它们产完卵仅仅一两天就死掉了，给淡水鱼留下了丰盛的食物。

蜉蝣在溪流和淡水湖泊中生活。在温带，这些水体温度很低，所以蜉蝣的生长发育也很缓慢。稚虫可能要经历1~3年，至多25次蜕皮才能从水中羽化为成虫。除此之外，蜉蝣在稚虫最后一次蜕皮之后和变为成虫之前，还有着一个非常特殊且独有的亚成虫期，这个时期很短且亚成虫有翅。捕鱼人对这个时期也很熟悉，因为这些亚成虫烟灰色的翅膀，它们又被称为"dun"【译者注：英文，意为"灰褐色的"】。

蜉蝣的稚虫身体扁平，侧面有羽毛一样的气管鳃，咀嚼式口器。它们生活在石块表面、水底落叶层下，或者浅浅的沙洞里。

这些稚虫大多是滤食性的，取食各种水里的植物残渣，而有些又是捕食性的。因为成虫的寿命很短，只有一至数天，它们的口器退化，在这短暂的一生中并不吃东西。此外，它们失去消化功能的肠道也充满气体以便飞行更加便利。

在温带地区，特定的物种只会在特定的时间羽化，在溪流和湖泊的上方会产生大量的集群。这种神奇的"婚飞"现象在大约一天后结束，之后每只雌性向水中产下100~12 000枚卵。在热带，蜉蝣的羽化时间比较连续，不过有时会与月相周期相关。

美洲一片湖泊的表面覆盖着一层死掉和正在死去的蜉蝣。这种完美的同时羽化让这些蜉蝣的所有个体能有机会在短短的一天内就能完成交配，然后充实该物种的基因库。对鱼来说，这就是一场狂热的盛宴，而渔民们也时常从中得利。

这是来自马达加斯加的一种大型**蜉蝣**，其翅展3.5 cm（1.4 in）。它的翅上闪耀着在许多昆虫类群中都能观察到的彩虹一样的光泽，这让它们能够迷惑捕食者，在阳光照射下迅速飞行，之后全身而退。

一种典型的**蜉蝣**稚虫。与成虫相似，它也有着3条"尾巴"，即1对尾须和1条中尾丝，不过不同之处在于它的腹部侧面有着毛茸茸或羽毛状的气管鳃。稚虫的口器发达，可以在水下落叶层中刮食藻类，而在羽化为成虫后，口器就失去了功能。

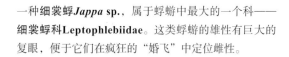

这种来自澳大利亚阿尔卑斯山的小型**蜉蝣**正处在它的亚成虫期。这可以通过它烟灰色的翅来识别，也就是渔民称其为"dun"的原因。几小时或一天后，它会再蜕皮一次，变成成虫。体长1 cm（0.4 in）。

一种细裳蜉***Jappa* sp.**，属于蜉蝣中最大的一个科——**细裳蜉科Leptophlebiidae**。这类蜉蝣的雄性有巨大的复眼，便于它们在疯狂的"婚飞"中定位雌性。

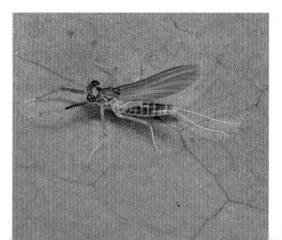

四、蜻蜓和豆娘

蜻蜓目 Odonata
30科6 500种

蜻蜓和豆娘是强壮而又引人注目的飞行昆虫，它们经常在艺术作品和神话故事中出现。除了一些蝇类之外，没有其他昆虫像蜻蜓和豆娘一样，拥有如此高超的飞行技艺了。它们的前、后翅可以独立运动，使它们在飞行时能迅速改变方向，甚至立即折返。它们的飞行速度可达40 km/h（25 mi/h）。

一些蜻蜓是有史以来已知的最大昆虫。在石炭纪地层中发掘出的类似蜻蜓的昆虫翅展达到了75 cm（30 in），其年代约为3亿年前。现生蜻蜓中，最大翅展只有25 cm。昆虫没有肺，它们通过在身体两侧的许多气门来呼吸。它们的身体也没有"气泵"，因为要将足够的气体输送到外骨骼覆盖的身体内部，它们的个头儿不会太大。在石炭纪时，植物非常繁茂，空气中的氧气含量很高，让这套呼吸系统十分高效。

大多蜻蜓和豆娘都有完全水生的稚虫阶段，这时它们用鳃呼吸，且为捕食性。稚虫在水中游荡或潜伏下来等待猎物的出现。它们的猎物很多，包括其他昆虫、蠕虫、蝌蚪和鱼。它们生存的水域多种多样，可以是泥塘、水坑或湖泊、小溪和河流。它们的发育时间与水温、食物摄取相关。在热带地区，一些生活在水坑中的物种从卵发育到成虫只需要30~40天，而一些在寒冷环境中的大型物种则需要长达6年的时光。在经历9~15次蜕皮之后，稚虫爬到水边的植物上，羽化为能够飞行的成虫。

这个目一般被分为区别明显的两个类群。在下文中，将对蜻蜓和豆娘的区别予以详细讨论。

（一）差翅亚目Anisoptera
——蜻蜓

　　蜻蜓的身体要比豆娘扁粗很多，而且头更大，复眼在背面几乎相遇。休息时，蜻蜓的翅膀一般向两侧平展，虽然偶尔也会并拢。水生的稚虫也更短粗，气管鳃隐藏在身体末端的直肠腔内。若虫的头部有着特殊的捕食工具"面罩"。它们的口器是很长而多节的结构，在不用的时候折叠并藏在身体下方，在捕食的时候能够弹射出强有力的大颚。很多大型的蜻蜓稚虫都能用这种出其不意的捕食方法捕猎一些脊椎动物，如蝌蚪和鱼。

　　这只洋红色的雄性**蜻蜓**守护着阳光下的池塘，在这里它可以向路过的雌性蜻蜓展示一番。它是**褐晓蜻***Trithemis aurora*，属蜻科**Libellulidae**，可以在亚洲东南部的很多地方见到。

有斑纹的翅膀在**蜻蜓**中比在蜉蝣中常见。这只来自澳大利亚热带地区的**丽翅蜻***Rhyothemis braganza*正在向潜在的对象展示自己。

一张罕见的蜻蜓飞行照。迅捷的飞行速度让它们可以避开鸟类等捕食者，不过在澳大利亚的沼泽中，一些鸟类确实能抓到蜻蜓。注意：在飞行时蜻蜓的足缩了起来，使身体呈流线型。

红色蜻蜓在**蜻蜓**里十分普遍，在这只蜻蜓的翅上还能看到错综复杂的翅脉。蜻蜓宽大的前、后翅可以独立运动，所以被称为昆虫世界中技艺最为高超的空中杂耍运动员。这是一只来自新几内亚的**红色蜻蜓** *Neurothema* **sp.**，翅展7 cm（2.8 in）。

蜻蜓的复眼非常大，由许许多多分离的小六边形组成。每个小六边形其实是一个小眼，由透镜和视网膜组成，能够接收单独的影像。蜻蜓能够同时看到各个方向。虽然它们不能改变聚焦的位置，但任何一个运动的物体被发现只需要被超过一个小眼探测到，这可比一只单眼高效得多——真是用于捕猎的完美视觉系统。一些蜻蜓拥有超过28 000只小眼。

在新几内亚布干维尔岛高地上，有一种非常耀眼的**蜻蜓**。像大多数蜻蜓一样，它喜欢停在高枝或草秆顶部，在一定的领域范围内捕猎和寻找伴侣。仔细观察这只蜻蜓后翅顶端透明部分的一只小飞虫——这是一只吸血的蠓，与臭名昭著的苏格兰高地蠓属于同一个类群，正在吸取蜻蜓的血液。这是**丽翅蜻***Rhyothemis resplendens*，属**蜻科Libellulidae**，翅展6 cm（2.4 in）。

这是一种来自马达加斯加的鲜红色**蜻蜓**。它在短暂雨季中形成的浅池塘中繁殖后代。

蜻蜓稚虫比豆娘稚虫要壮实得多。它们的气管鳃深藏在身体内部的腔中，腹部末端有3个三角形小突起。有些蜻蜓稚虫体形巨大，可达6 cm（2.4 in）长，能够拿下比它们还大的猎物，比如小鱼。

基斑蜻*Libellula depressa*，属**蜻科Libellulidae**，是欧洲最引人注目的大型**蜻蜓**之一。这是一只刚刚从稚虫阶段羽化为成虫的基斑蜻，它正在阳光下等待外骨骼干燥。随后，它身上的蓝色和黄色将逐渐加深。

同样来自欧洲、属**蜻科Libellulidae**的雌性**条斑赤蜻***Sympetrum striolatum*。雄性则是深红色的。

对页图：这是来自马达加斯加内陆地区的**毛曲缘蜻***Palpopleura vestita*，它翅膀上水晶一般的蓝紫色，是蜻蜓大家族中最为炫目和闪耀的色彩之一。这只毛曲缘蜻将四翅向下并拢，这是豆娘从来不会展现的姿势。

（二）束翅亚目Zygoptera——豆娘

豆娘虫如其名，是最为优雅的类群。它们的身体一般都比较小而修长，翅一般比较窄长，而且休息的时候向后背并拢。水生的稚虫在身体后端有3片羽毛一样的气管鳃。和凶猛、陆生的蜻蜓不一样，大多数豆娘的成虫离开水后就在周围的环境中捕猎，在交配和产卵时才回到水边。它们的交配仪式可能会很复杂，其交配姿势与其他昆虫也完全不一样。雄性会抓住雌性头部后方的位置。在交配时，它们会以"车轮"的形状飞行，或者是当雌性在水面产卵时，雄性在其上方飞行，把雌性抓住。豆娘在稚虫和成虫期都是捕食性的。它们捕食蚊子等小昆虫，甚至其他体形较小的豆娘。

这虽然不是最美，但确实是世界上最大的豆娘——直升机豆娘*Megaloprepus coerulatus*。它有着豆娘中最大的翅展，甚至超过一些蜻蜓，达到了19 cm（7.5 in）。它飞行缓慢，缓慢地拍打着闪耀黑、蓝、白相间的翅膀。这种豆娘是中南美洲热带雨林中一道亮丽的风景。

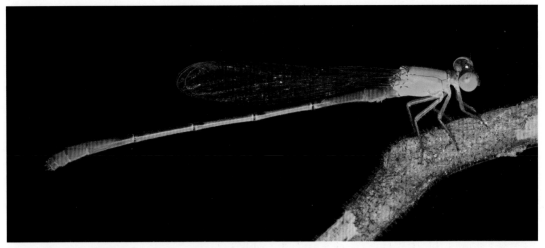

来自斯里兰卡的**橙尾黄蟌***Ceriagrion cerinorubellum*，昏暗雨林中的一抹亮色。体长3.5 cm（1.4 in）。

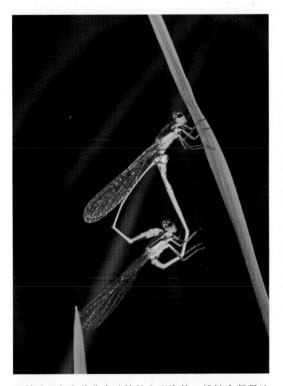

豆娘（蟌）有着非常独特的交配姿势，雄性会紧紧地抓住雌性的头部后方的位置。这种"串联"的姿势在真正的交配开始时会被"轮式"姿势取代，如图中这种来自澳大利亚热带地区的豆娘所展示的那样。随后，雄性会一直抓住雌性并在水面上方盘旋，在上方拉着正在产卵的雌性。

黄蟌属*Ceriagrion*是豆娘中物种最丰富的属之一，其成员广泛分布于澳大利亚至东南亚。这些豆娘看起来非常温顺，但无一例外都是肉食性昆虫。图中，一只来自澳大利亚北部的豆娘正在取食另一只体形相似的同类。

四、蜻蜓和豆娘

这是来自印度尼西亚的溪流中的**鼻螅**_Rhinocypha_ **sp.**。其金属色的虹彩是由于翅表面的小窝反射了来自不同方向的光线。在飞行时，它的翅在光彩熠熠和完全黑暗之间切换，使其在捕食者面前可以迅速消失。体长3.5 cm（1.6 in）。

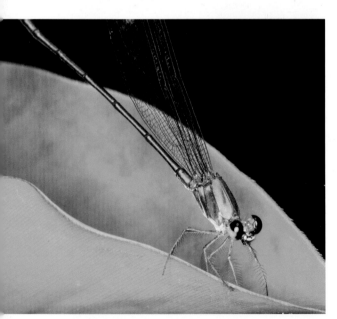

金属光泽在许多昆虫类群中都能被观察到，但在**豆娘**中比较少见。这使得这只来自新几内亚的**闪翅细色螅**_Vestalis amethystina_更加特别。体长4.5 cm（1.8 in）。

豆娘的身体比例变化很大，有的比较粗壮、身体比翅要短，有的身形细长、身体要比翅长出几倍。这只来自印度尼西亚的豆娘身体虽然不是最长的，但在飞行时它的腹部由于太长还是会向下垂，从而使其飞行速度比其他豆娘要慢。

一种生活在中美洲的美丽豆娘*Metacrina miniata*，体长2.5 cm。

上图：一种山蟌*Rhinagrion elopurae*，属山蟌科
Megapodagrionidae。这只山蟌正在守卫着加里曼丹
岛中的一条小溪。体长3 cm（1.2 in）。

右图：一些光怪陆离的昆虫往往只出现在热带——当然
其他地方也有一些出人意料的美丽昆虫。这种浑身闪
耀着金属光泽的带色蟌*Calypteryx splendens*，属色蟌科
Calypterygidae，就来自波兰。体长3.5 cm（1.4 in）。

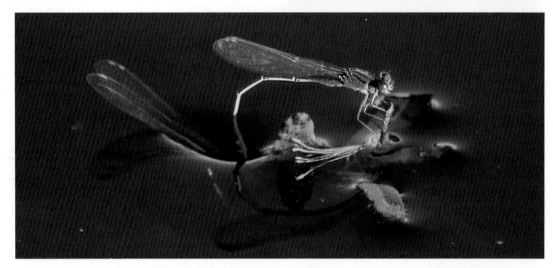

一对来自澳大利亚的**红蓝色蟌***Xanthagrion erythroneurum*，属蟌科**Coenagrionidae**，正在进行两种交配姿势中
的一种，即轮式交配。准备好产卵时，雄性紧紧抓住雌性的胸部，在水面上飞翔，然后雌性在水面下产卵。不
过在一些极端情况下，它们会成对地沉入水下，在更加安全的地方产卵。这张图显示的就是雄性在将雌性摁入
水下产卵。

五、石蝇

襀翅目Plecoptera
15科2 300种

　　石蝇是一类有水生稚虫阶段的昆虫，它们的成虫大多有翅。虽然与蜉蝣亲缘关系很远，但它们与后者也有许多相似之处。与蜉蝣尾部的3根"尾巴"不一样，石蝇的尾部只有2根被称作"尾须"的构造。它们在成虫阶段寿命也很短，大多在稚虫阶段取食植物，但少数也具捕食性。和蜉蝣相似，它们需要干净、含氧量高的水，一般生活在溪流和湖泊中。它们的生长发育与温度和食物相关。在北半球，一些物种的稚虫在羽化之前要经历许多年，甚至多达33次蜕皮。石蝇在水生昆虫中保持着一些最高记录，比如一些物种生活在高达海拔5 600 m（183 00 ft）的喜马拉雅山脉间寒冷水域中。一些物种从不离开水域，比如美洲的一个物种生活在深达60 m（200 ft）的湖底。

澳大利亚是地球上最干燥的大陆，干燥是这里的常态。一些**篮石蝇科Griptopterygidae迪篮石蝇属*Dinotoperla***的**石蝇**能够产下十分强韧的卵，这些卵能够忍受长达18个月的干旱才孵化。

石蝇的寿命很短，从几天到几个月，一般取食藻类、树皮或者地衣。成虫在高处飞翔或爬行，交配方式比较简单。在这段时间，它们产下几百至数千枚卵，重启漫长的水生循环。雌性在水面漂浮的落叶上产下用胶质粘连的卵，或直接产入水中，或在水底爬行、将卵粘在石头上。在产卵时，石蝇需要不断地靠近水域，因此一些鱼类，特别是鲑鱼和鳟鱼，会在这段时间非常积极地争取机会。渔民知道，他们如果在石蝇成虫羽化的时间到访溪流，就可以用一些长相与石蝇相似的诱饵，获得丰厚的回报。

在北美洲，使用"飞蝇钓"的渔民非常关注一种**石蝇**。这种世界上最大的石蝇被称作"**鲑鱼蝇**"，属大蜻属 ***Pteronarcys***，可以长到7 cm（2.5 in）长。它们在水面飞行时能吸引大量的鱼类前来取食，渔民通过模拟这种短命昆虫可以得到大量的渔获。

巨大的**鲑鱼蝇**的稚虫比大多数其他水生昆虫都要大，体长可达6 cm（2.5 in）。它们在水中要经历长达3年、多达20次的蜕皮，取食岩石表面的藻类。它们的成虫是路亚飞蝇钓鱼最受欢迎的饵料。

这是一种生活在哥斯达黎加云雾森林中的明黄色**石蝇**，比其他褐色的亲戚们要引人注目得多。在海拔2 500 m（8 200 ft）、长满苔藓的清澈溪流中，有很多藻类可供石蝇若虫取食。虽然地处石蝇能繁殖1~2代的热带地区，但在冷凉的高海拔地区还是需要两年或更多时间才能发育为成虫。

六、蜚蠊

蜚蠊目 Blattodea

6科4 500种

这个类群物种十分丰富，但只有极少数物种分布全球各地，而这些少数的臭名昭著的物种给整个类群带来了很坏的名声，这不得不说是一种遗憾。除了这些害虫，其他大约4 500个物种生活在自然环境中，对营养循环起着积极作用，有些人畜无害的物种也生活在我们的家里。蟑螂早在恐龙时代之前就已经出现了。大多数物种是夜行性的，主要取食活的或者死掉的植物组织。有一些物种也适应了白天的生活，有些甚至适应了其他物种无法生存的干燥的沙漠。

对于蜚蠊的交配，我们还知之甚少。有一些雄性不仅能释放出吸引异性的激素"香水"，还能分泌出一些可以吃的液滴送给雌性。雌性在卵团的外面分泌出一层革质的卵鞘，然后将它粘在合适的地方。有一些物种的卵在体内孵化，有的则营社会性生活，在复杂的管道内照料它们的后代。

很多蜚蠊会产生防御性的液体。**美洲大蠊Periplaneta americana**被踩扁时，释放出的奶白色黏液就是一个例子。这些黏液不仅有毒性，还可以用来黏住捕食者的感觉器官而使其退却。美洲大蠊不仅是城市居所中红色的大害虫，还是世界上跑得最快的昆虫之一。它们的奔跑速度可以达到5.5 km/h（3.4 mi/h），相当于人类快速走路时的速度，但考虑到身体比例，这个速度是十分惊人的。如果以每秒抛出的体长作为度量单位（bl/s），蟑螂能在1 s内跑出50个体长。世界上跑得最快的人也仅仅能在1 s内跑出6个体长。蜚蠊运动时的加速度比任何脊椎动物、赛车，甚至宇航员能承受的加速度都要高很多倍。

一些最为有趣的蜚蠊物种是人类难以见到的。有2个科的蜚蠊，特别是**蠹蠊科Nocticolidae**，适应了穴居生活，有一些失去了视力甚至双眼的物种生活在世界各地的洞穴或熔岩管道系统中。

对页图：世界上最大的蜚蠊之一——**犀牛蜚蠊Macropanesthia rhinoceros**，能够长到8 cm（3.2 in）长、30 g重。有一些比较小型的哺乳动物，比如一些小蝙蝠，只有5 g重。这种巨大的蜚蠊其实性格温顺，在地下建立了复杂的群体性社会，并各自照料自己的后代。它们在被打扰时，会发出"嘶嘶"的声音，在澳大利亚是一种受人欢迎的宠物。

右图：虽然**巨疣蠊Gromphadorhina portentosa**没有犀牛蜚蠊大，但它们也有类似的习性。它们的个头也很大，长达7 cm（2.8 in）。它们在腐烂的木头中生活，在与白蚁肠道内的共生原生动物相似的微生物的帮助下来消化木质素。它们也会照料后代，这在图片的下方可以看到。顾名思义，它们在被打扰时也会从呼吸孔，即气门排出空气，发出"嘶嘶"声。它们的雄性能发出四种不同的声音，常代表战斗或者对巢穴入侵者发出警告。

个体最小的蜚蠊，体长仅有0.5 cm（0.2 in），这种纤弱、几乎透明且没有视力的**蜚蠊**生活在澳大利亚北部的岩浆通道或洞穴中。它们没有身体色素和复眼，在完全的黑暗环境中度过一生。

这是南美洲最大的蜚蠊——**大硕蠊**
Blaberus giganteus，属**大硕蠊科Blaberidae**。
体长7.5 cm（3 in），它们群体生活在朽木内、由其他动物挖掘出来的复杂管道中。这些地方通常也有蝙蝠，而蝙蝠的粪便堆是这些蜚蠊的主要食物来源。它们主要在夜晚活动，而且具有快速挖掘的能力，这让它们能够从最厉害的敌人——行军蚁的攻击中快速逃脱。

这里有一个既神奇又有些吓人的行为学故事。有一类蜚蠊寄生蜂需要活的蜚蠊肉来喂养后代。大多数的寄生性昆虫会麻醉猎物。但图中这只**扁头泥蜂*Ampulex* sp.**，会注入神经毒素，让蜚蠊变成僵尸。中毒的蜚蠊能动，但只能跟着扁头泥蜂拖动的方向，从而丧失了逃跑的意志。之后，蜚蠊被拖到洞穴里，扁头泥蜂会产下1枚卵。当幼虫孵化后，它缓慢地将蜚蠊吃掉，然后化蛹、羽化为成虫，又开始新一轮的可怕循环。

右图：并不是所有的**蜚蠊**都是暗褐色或黑色的。在中美洲有一种蜚蠊*Euphyllodromia* **sp.**，被认为是在拟态当地的一种蜂。除了惹眼的颜色外，它们在警觉时也会模拟蜂类快速、近乎疯狂的运动方式，并会非常快地飞走。

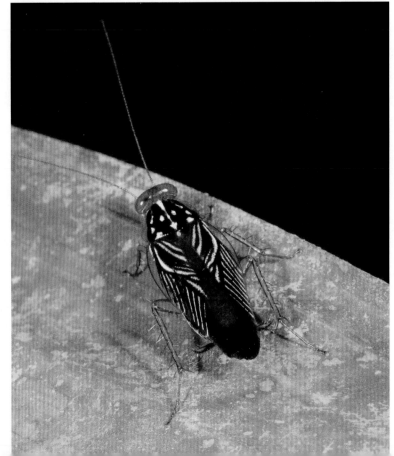

左图：是一种**澳洲丛林蜚蠊*Ellipsidion australe***的若虫。这种醒目的斑纹与很多澳洲原住民的艺术风格不谋而合。下图展示的是这种蜚蠊金色的成虫，它们与若虫的区别非常大。

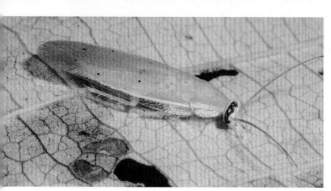

绿香蕉蜚蠊*Panchlora* sp.，从大多数褐色的物种中脱颖而出。生活于美国南部至加勒比地区。

蜚蠊将卵产在革质、被称作"卵鞘"的囊中。为安全起见，有的雌性会将之随身携带，有的则将卵鞘黏在树皮等物体表面上。这里展示的是**耀寰蠊*Cosmozosteria gloriosa***。

澳大利亚大部分领土为干旱区，是许多白天活动的**蜚蠊**的家园。它们中的大多数都有着闪耀的金属光泽。有的与植物的传粉有关，有的通过取食植物碎屑来参与营养循环。它们大多成员的形象和生活环境都区别于家庭害虫。

米氏泽蠊*Polyzosteria mitchelli*，属蜚蠊科**Blattidae**。体长2.5 cm（1 in）。

狭长带蠊*Desmozosteria elongata*，属蜚蠊科**Blattidae**。

条纹扁蠊*Balta insignis*，属姬蠊科**Ectobiidae**。体长2 cm（0.8 in）。

斑缘寰蠊*Cosmozosteria maculimarginata*。

七、白蚁

蜚蠊目Blattodea（原等翅目 Isoptera）

6科2 700种

就像它们的亲戚蜚蠊一样，白蚁也被大大地污名化了。像蜚蠊一样，除了少数物种侵扰人类、危害建筑之外，大多数白蚁对人类有益且其生活方式十分有趣。

自然界中最为复杂的建筑结构是由这些地球上最主要的循环力量构造的。大多数白蚁物种并不生活在我们的家里，在每个巢穴中可以有数以百万计的白蚁生存。在这些蚁丘及其地下结构中，气温波动被控制到2℃（3.6℉）以内，哪怕是在极端的条件下。这些巢穴被高度特化的白蚁所建造，虽然它们看不见，却仍能胜任工作。有记录的最大白蚁巢穴地面层有10 m（32 ft）高和15 m（50 ft）宽。最新的证据表明，有的巢穴已经有了超过1 000年的建造历史。白蚁的个体生命非常短暂。工蚁和兵蚁的生命可能只有几周，但大腹便便的蚁后可以活长达20年，甚至达到50年。

这类社会性昆虫的生活史从大量有翅膀的两性白蚁，被称为"有翅型"的产生开始。每年的特定时节，当气候条件合适时，这些白蚁离开巢穴，与来自其他巢穴的有翅型白蚁会合。它们身体柔软娇弱，于是成为许多小型哺乳动物、鸟类、蝙蝠、青蛙或其他昆虫的美食。交配后，这些成虫落到地上、脱去翅膀，开始挖掘新的巢穴。雌性成为新巢穴的蚁后，不过仅有极少数的成虫能存活足够长的时间来建立新的巢穴。当它的第一批卵孵化后，它就拥有了工蚁，之后是兵蚁，这些子民负责照料蚁后和建造巢穴。蚁后逐渐长成一个巨大臃肿的"产卵机器"，由一群工蚁负责喂养和清洁。它每天的工作就是产卵，在一些大型的蚁穴中，蚁后每天的产卵量可达30 000枚。世界上发现过最大的白蚁蚁后，属**大白蚁属** *Macrotermes*，体长达到了15 cm（5.9 in），体长仅0.5~0.6 cm（0.2~0.24 in）的工蚁在其面前显得极为微小。

白蚁的食物主要是已经死亡且被真菌侵染的植物组织。这让食物更好地被消化。白蚁是唯一在肠道有共生的单细胞原生动物的昆虫，这些原生动物能彻底地分解木质素。在一些地区，比如荒漠草地中，植物组织在干燥的空气中很难被真菌侵染。大白蚁属的白蚁演化出了在地下巢穴中培养真菌的习性，并以这些真菌为食。它们将植物组织嚼碎，混以自身排泄物，在湿度被精准调控的室内，使真菌得以在这些物质上生长。

在澳大利亚北部的热带地区生活着一种白蚁——**奇象白蚁***Nasutitermes triodiae*，它们能在不同的环境中建造完全不同模式的巢穴。在草地上，它们建造高达6 m（20 ft）的高塔。这些高塔面对太阳，顶端有开口，能够将热气排出并吸入周边地下的凉气。在部分隐蔽的树林中，它们则建造"大象粪"型巢穴。这两种巢穴里都能容纳数以十万计、以草为食的无害白蚁。

　　白蚁的身体柔软娇嫩，一般不能在阳光暴晒、湿度较低的外界环境中生存。因此，大多数白蚁只在夜间活动，而有些物种则在泥巴做成的通向食物源的"高速公路"管道中穿行。然而，在湿度极高的热带雨林中，很多物种也在白天寻找食物。有一些白蚁甚至会离开巢穴，层层护卫着蚁后，在开阔的地方转移。

　　兵蚁长有各种各样的上颚，从短粗的三角形至细长的弯刀形。最有趣的是象白蚁，它的头前段演化出了一个尖锐的鼻子，能够对着侵犯者喷射出一股黏液状物质。蚂蚁是白蚁的主要天敌，这种防卫方式对蚂蚁也很有效，因为即便是凶残的蚂蚁在其触角和口器被黏液黏住之后也无力再进攻。

　　害虫呢？有些主要以木头为植物性食物

的白蚁经常入侵我们的木质房屋。在野外，它们一般取食活树木的木心部分，或者一些倒掉的树木。对它们来说，和"倒木"并无二致的木质房屋是一个很大的吸引。虽然它们取食能造成真实的危害，但更为重要的是，在繁盛的白蚁家族中，这些害虫只是其中的一小部分。

早期进入澳大利亚北部的探索者都惊叹于这种又高又扁、完全按照南北方向完美排列的巢穴。这些巢穴由**磁白蚁***Amitermes meridionalis*建造，它属于**白蚁科Termitidae**。我们现在看到，它们的脑袋中都有一个由微量的铁离子构成的指南针。这样设计的巢穴可以在太阳升起时快速升温，但在酷热的中午可以以极薄的边缘正对烈日。这些3 m（10 ft）高的结构时常是白色的，因为这些白蚁喜欢生活在富含高岭土的泥地里。

下图是雨林中一群正在行军的白蚁：**长足白蚁***Longipeditermes longipes*，属**白蚁科Termitidae**，在这种高湿度的环境中无论白天还是夜晚都很活跃，主要取食各种各样死掉的植物组织。

白蚁的兵蚁大小、形状各有不同。最小的个体仅有0.2 cm（0.08 in）长，最大的可以达到2.2 cm（0.9 in）。变化最大的是它们上颚的形态，如从短小的铲子形、十分突出的剑形，到能够向敌人喷射有毒黏液的炮塔形，真是形态各异。下面是几个例子。

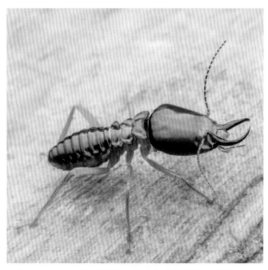

来自泰国的三叶橡蚁大白蚁*Macrotermes carbonarius*。属白蚁科**Termitidae**，体长1.2 cm（0.5 in）。

环纹新白蚁*Neotermes insularis*，属木白蚁科**Kalotermitidae**，体长1.2 cm（0.5 in）。

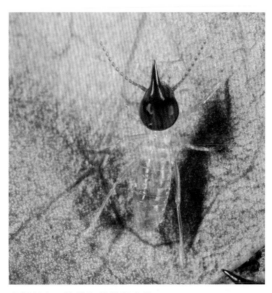

头部长有"炮塔"的长鼻白蚁*Nasutitermes triodiae*，属白蚁科**Termitidae**，产于澳大利亚，体长0.6 cm（0.25 in）。

梅氏络白蚁*Hapsidotermes maideni*，属白蚁科**Termitidae**，产于澳大利亚，体长0.4 cm（0.15 in）。

有一些白蚁的兵蚁看起来所向披靡，但与其宿敌——蚂蚁相比，它们的身体还是软了些，个头还是小了些。在与更快、更强壮的蚂蚁的一对一决战中，它们很难占上风。因此，白蚁只能靠压倒性的数量优势来赢得战斗。左图：一种**虹臭蚁属***Iridomyrmex*蚂蚁在战斗中取得优势。右图：东非著名的**马塔巨猛蚁***Megaponera analis*正在搬运一只战败的白蚁。

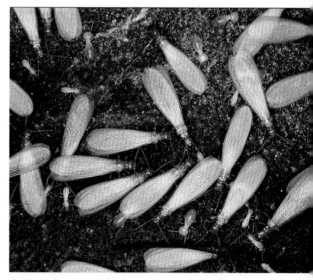

极其臃肿的白蚁蚁后。在黑暗的王宫中，蚁后度过其漫长的一生，一些物种甚至可以活到50岁。在这里，一群工蚁负责照料蚁后。它的雄性伴侣，即蚁王，是巢穴中唯一的雄性（图片中正对蚁后、身体较为坚硬的个体）。在这里，蚁后每天产下多达30 000枚卵。浅色的工蚁将这些卵搬运出去并加以照料，负责养育巨大的群体。这是**尖白蚁***Apicotermes* sp.，属**白蚁科***Termitidae*，来自莫桑比克。

有翅型白蚁具有生殖能力，一年一次集中羽化并飞出巢穴。图片显示的是来自澳大利亚热带森林的**新白蚁***Neotermes* sp.，属**木白蚁科***Kalotermitidae*，有翅型白蚁被身形娇小的工蚁簇拥着，并被兵蚁保护着。有翅型白蚁是蚁巢中（除蚁后外）最高的品级，它们的身体必须储存足够的能量来用于飞行、交配，以及建立新的群体。

八、螳螂

螳螂目Mantodea

8科2 200种

螳螂是一类高度特化的捕食者，有着灵活的头部和非常超凡的视力，以及装备有一排排尖刺的捕捉式前足。它们还有非常隐秘的外观，以及一名伏击猎手应有的绝对耐心。大多数螳螂都能伪装成树干、树皮或花朵等。它们耐心等待其他昆虫进入捕猎范围，缓慢地转动头部来形成基于距离测量的立体影像，之后发动出其不意的攻击。它们前足上的刺能够将猎物又快又紧地抓住。

像黑寡妇蜘蛛一样，雌性螳螂也因危险而闻名。虽然不是每一次交配都是这样，但只要有机会，雌性就会把雄性吃掉。这个道理很简单，充足的食物来源可以让受精卵得到更好的发育。雄性个头一般比较小，以十分缓慢小心的步伐从后方接近雌性。如果雄性从后方直接快速地跳上雌性的背部，雌性长满尖刺的捕捉足就无法触及它，雄性则趁机进行交配。在这段时间，雌性的行动会变得缓慢很多，但一旦交配结束，雌性又会恢复原来的习性，因此雄性需要赶紧跳下去并快速逃开。如果雄性不能在被吃掉之前完成交配，这种同类相食的习性可能会对整个物种产生不利影响。螳螂是独居性昆虫，所以不是所有的个体都能有机会遇到合适的配偶。然而，在这样的行为之外，它们还演化出了另一种适应性。当雄性的头被吃掉之后，它们的交配效率反而更高！雌性总是先从雄性的头部开始吃，这能让雄性体内其他部位的神经节为交配付出更多的努力。

螳螂的卵被革质卵鞘包裹，卵鞘是泡沫状分泌物硬化而成。雌性会将卵鞘黏在植物枝条上。卵鞘内包含10~400枚卵。

螳螂的若虫没有翅膀，看起来就像是瘦小成虫的复制版。若虫从卵中将细长的身体伸展开来后，各自散开，也开始它们的猎杀生活。成虫体长1~16 cm（0.4~6.5 in）。

大多数螳螂都是热带物种。有的身体上有各种各样的拟态装饰，有的则长得如同艳丽的花朵一般，特别是那些来自亚洲和非洲的物种。在澳大利亚，有一类小型、无翅的短粗螳螂，属**怪足螳科Amorphoscelidae**，在若虫期可以拟态蚂蚁。有的螳螂则仅仅在1龄若虫期才拟态蚂蚁。这在它们生活史的早期提供了额外的保护，因为麻烦的蚂蚁时常被捕食者避开。大多数螳螂属最典型的**螳螂科Mantidae**，它们的成虫基本都有翅膀。

有关螳螂，最令人吃惊的事实是它们的

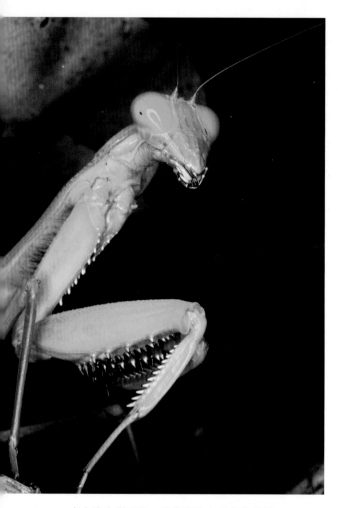

来自澳大利亚的一种典型的大型热带**斧螳Hierodula sp.**，它们既讨人喜欢又有些奇特的特点，头部会随着你的每一个动作而运动。作为十分冷静耐心的猎手，它们的伏击技能也是十分高超的，行动快速而敏捷。它们还会突然直勾勾地望向你。

这只拥有蓝色复眼的**螳螂**显示出螳螂最吸引人的特点。在每个复眼上有一个小黑点，看起来像瞳孔一样，它们盯着你看时又多了几分迷人的情致。其实，这只是一个位于复眼外侧的色素点，而复眼又是由成千上万的六边形小眼组成的。

听力。地球上几乎所有的生物，都有至少成对（或者更多）的感觉器官，比如眼睛、耳朵、鼻子等，用来感知光线、声音和气味的方向。然而，螳螂只有1个耳朵，就是位于最后一对足之间的一个"洞"。这个耳朵可以感知声音的方向，但近期的研究发现，它

只能感受一些高频的声音，比如蝙蝠发出的超声波。因此，当雄性螳螂在夜间飞行时，这个耳朵就成了一个预警器官。它们并不需要知道蝙蝠的具体位置，而是知道蝙蝠来袭后，只需要收起翅膀、落到地面来逃脱即可。

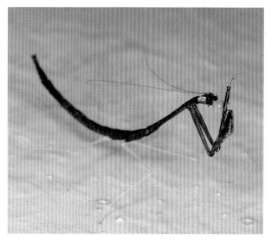

许多物种演化出了对花朵的拟态。这让它们的伏击变得更为隐秘。它们看上去就像花朵的一部分，而花朵是很多昆虫十分乐意造访的。这是来自西非的刺花螳螂属*Pseudocreobotra*螳螂。体长2 cm（0.8 in）。

螳螂目中最奇特的成员，是来自加里曼丹岛的细长螳螂。由于纤细身体的限制，它只能捕捉比较轻的猎物，比如蟒、蚊子等小昆虫。

螳螂将卵产在泡沫中，之后泡沫会硬化。这里展示的是一只来自加里曼丹岛正在制作这种结构的螳螂。这种结构被称作卵鞘。

来自亚洲热带地区的**兰花螳螂***Hymenopus coronatus*把对花朵的拟态发挥得淋漓尽致。这只来自马来西亚的兰花螳螂正站在没有花朵的光枝上。它不需要和兰花融合到一起，因为它看起来完全就是一朵兰花。

两种来自莫桑比克的精致的花螳螂。顶图：**爱蒙朱氏螳***Junodia amoena*；上图：**大刺花螳螂***Pseudocreobotra wahlbergi*。即使不是在花朵上，它们精巧螺旋的身体构造也能引来访花的昆虫，并出其不意将其捕获。

苔藓螳或锥头螳是最具代表性的非洲螳螂，分别属**花螳科Hymenopodidae**和**锥螳科Empusidae**，顶图：来自西非，**苔藓螳属*Sibylla***的末龄若虫；上图：该属在东非的唯一成员，来自莫桑比克的**戟苔藓螳*Sibylla pretiosa***。

螳螂的飞行技艺并不十分高超，因此在应对危险时，它们的第一选择不总是像其他飞虫一样飞走逃生。它们的前翅内侧以及平时看不见的后翅上经常带着一些具有警示作用的斑纹。这只来自莫桑比克的**非洲斑马螳**_Omomantis zebrata_突然展开它的翅，露出醒目的斑纹来吓住捕食者。体长约5 cm（2 in）。

虽然一提到昆虫中的伪装大师，我们总是想到竹节虫，但是有的螳螂的隐藏技艺甚至在一些方面超越了竹节虫的伪装。这一方面是为了接近猎物，另一方面是为了在捕食者比如蜥蜴、鸟类和哺乳动物面前消失不见。

澳大利亚是一片干燥又炙热的大陆，这里的灌丛时常着火，而一些植物需要火才能再生。因此，很多桉树的树干都被熏黑了，而一些**副捷足螳属*Paraoxypilus***的螳螂通过将体色变黑来适应环境，完美地融入其中。

纳米比亚是沙漠、草原和峡谷的国度。这里的草本植物一生中大部分时间都在干燥的休眠状态下度过。在这些黄色的草秆上隐藏着一位完美的伏击猎手，**草丛螳螂*Epioscopomantis* sp.**。

在东南亚的雨林里，植物的叶片都很大，而落叶层为无数的生命提供了良好的生活环境。在这里，无论是捕食者还是猎物，拟态落叶都有极大的好处。这是一只来自加里曼丹岛的**枯叶螳属*Deroplatys***的枯叶螳螂。

在哥斯达黎加湿润的雨林中，不是到处都充满了绿色的。断掉的树枝上的一团枯叶构成了一个良好的生活环境。在这里躲藏着蛾子、蜢、竹节虫，甚至是守宫。这种令人吃惊的**南美枯叶螳属*Acanthops***螳螂不仅仅模拟了枯叶的形状，甚至能将身体的形状完全融入环境之中。在这里，它等待着其他寻找庇护所的昆虫自投罗网，同时在捕食者的眼里完全隐形了。

当昆虫将自己融入具有类似花斑和纹理的背景中时，其对称性常常将它们出卖。这里，来自莫桑比克的**黑巨腿螳*Otomantis scutigera***完美地与树皮融合，但我们可以轻易通过它左右对称的双眼将它识别出来。然而，大多数捕食者通过完整的形状或动作来识别猎物，所以这样的伪装是十分有效的保护手段。

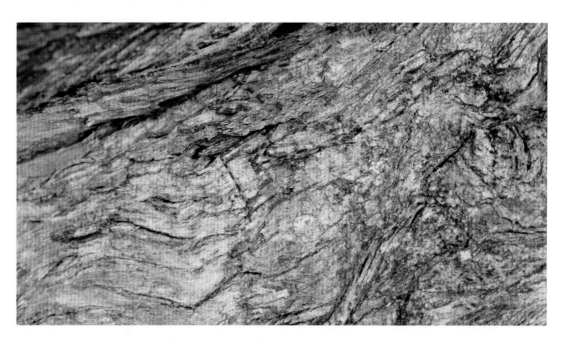

这种来自澳大利亚干旱乡下的**螳螂**完美地复制了桉树皮。体长2.5 cm（1 in）。希望你能找到它。

九、螳䗛

螳䗛目Mantophasmatodea
（原归属于蛩蠊目Notoptera）
3科12种

这个小目因其近期的发现故事而闻名。在2001年，一名德国昆虫学家发表了一篇论文，报道了4 500万年前波罗的海琥珀中的2种昆虫。这些昆虫完全不能被合适地放置到当时的昆虫分目体系中。后来，在博物馆中又有2头最近的标本被发现了，于是这个目才被建立起来。

这一类昆虫最为显著的特点是，它们融合了蟋蟀、竹节虫和螳螂的特征。它们没有翅膀，有点像蟋蟀，也有螳螂一样的体貌和肉食性，还有奇怪弯折的"脚"。它们行动时，不是用跗节的尖端走路，而是像在用"脚跟"。

科学家们在2002年前去纳米比亚的原生环境中进行了搜寻，并成功采集到了活的样本。下页的照片就来自这次调查的一名成员——Piotr Naskrecki。这之后，在南非西北部和坦桑尼亚也发现了这类昆虫。事实上，在非洲那马夸兰地区，一些螳䗛的物种在当地其实比较普遍，只是未被注意到，因为它们在学艺不精的分类学学生面前，看起来真的就像蚤斯若虫一样——而且在没有成虫的情况下，对一个物种进行鉴定和描述是无法进行的。

螳䗛有1~2 cm（0.4~0.8 in）长，复眼与螳螂相似，触角有很多节，3对足基本上一样长。它们喜欢在干燥环境中的灌木上生活，捕猎其他昆虫。雄性要比雌性小很多。交配行为会涉及长达几天的接触，和螳螂一样，雌性有时也会将雄性吃掉来获取卵发育所需的营养。研究表明，螳䗛的卵也是被产在泡沫一样的卵鞘中，之后埋在沙地接近表面的浅层中。这与蝗虫非常相像，但蝗虫的卵是被埋在深层土壤的大型泡沫外壳。螳螂的泡沫卵鞘则一般被黏在植物上。

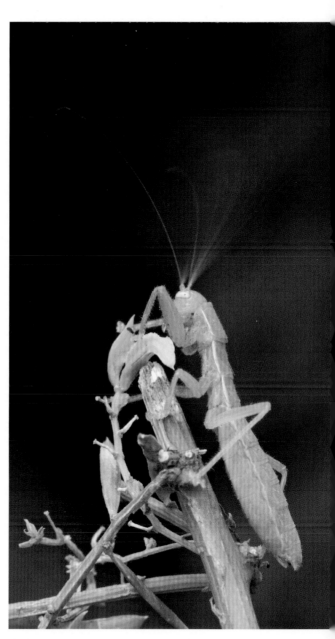

角斗士螳䗛*Tyrannophasma gladiator*是在2002年螳䗛目被建立以来，第一个被发现的现生物种。它们生活在纳米比亚的布兰德贝利高原。

南非的**骨螳䗛属***Sclerophasma*物种。

十、蛩蠊

蛩蠊目Grylloblattodea
3科28种

　　这是昆虫的一个小目，只有28个被命名的物种，它们的生活习性十分特别。它们的名字暗示出与其他昆虫类群的亲缘关系。它们融合了蟋蟀、蜚蠊和螳螂的一些特征，虽然与蟋蟀最为接近，却还是区别明显。蛩蠊都没有翅膀，身形修长，体长2~3.5 cm（0.8~1.4 in）。其恰如其分的英文名"ice-crawlers"意为"冰面上的爬虫"，指的是春天它们在冰缘附近捕猎，冬天生活在冰雪和土壤之间的缝隙中。和其他适应寒冷环境的生物不一样，它们的血液中并没有任何具有抗寒作用的化学物质，如果在-8℃（17℉）以下的低温中暴露过久，它们也会被冻死。然而，它们冬天的活动区域一般被表层的雪与外界隔离开，并在大多数时间保持在0℃（32℉）左右的温度。一些蛩蠊生活的冰洞穴也是如此。这与蛩蠊所在的古老大家族的大多成员都不一样。这个大家族包含了一些在2.5亿年前就已经生活在热带森林中的昆虫。与其他昆虫激烈的竞争，让蛩蠊退缩到了它们狭小的生境中，随着最后一次冰川期的退却，它们随着冰盖向北方迁徙。

　　具有寒冷的血液、又生活在寒冷的环境中，意味着蛩蠊的生长发育十分缓慢。雌性蛩蠊产下30~150枚大型的黑色卵，这些卵可能要经过1年才能孵化。若虫要度过长达7年的7个龄期才能达到成虫阶段。它们主要捕食其他昆虫，有时在冬天也吃死亡昆虫或一些植物组织。

　　约有一半的蛩蠊物种生活在北美洲北部山地，其他则生活于亚洲北部，如日本和朝鲜。朝鲜半岛的物种生活在洞穴中。

来自加拿大的**蛹型蛩蠊**_Grylloblatta campodeiformis_在冰面上觅食。

亚洲的**蛩蠊**并不局限于寒冷的山地，有的也可以忍受比较高的温度。有的穴居或生活在土壤深层的物种没有眼睛，比如这头**日本蛩蠊**_Galloisiana nipponensis_。

十一、蠼螋

革翅目Dermaptera

9科1 800种

　　虽然名字看起来有点拗口，这类昆虫还是吸引了很多关注，有很多神话故事也与之相关。园丁认为它们是比较温和的害虫，而许多蠼螋是杂食性的。常见的**欧洲球螋Forficula auricularia**被传入美洲和世界上其他很多地方。它们喜欢在花园中生活，在这里的木头和石头中，有许多它们在白天和冬天可以躲藏的缝隙。它们的食物包含活的或者死掉的植物组织，也有一些身体柔软的蚜虫、粉虱等小昆虫。这些猎物在花园中的危害要比蠼螋大得多，所以蠼螋既有坏的一面，又有好的一面。它们有时会取食一小块儿柔软的水果比如草莓，这让园丁非常沮丧。然而，这种蠼螋只是多达1 800种的蠼螋大家族的一员，而这个大家族的成员中的大多数是在园子中永远找不到的。有的蠼螋和欧洲球螋取食相似的食物，有的为捕食性，有的取食真菌。有一些最为奇特的科的蠼螋演化出了外寄生习性，寄生在蝙蝠的皮毛中或洞穴中的蝙蝠粪堆中，有的只寄生在非洲巨鼠的身上。这些物种失去了尾铗，还能直接生下若虫——许多寄生虫为了保证稳定易得的寄主而演化出来的习性。蠼螋的身体大小变化很大，最小的寄生性蠼螋体长0.5 cm（0.2 in），最大的澳大利亚无翅蠼螋则长达6 cm（2.5 in）。

　　蠼螋的繁殖方式也与大多数其他昆虫不一样。除了一些蜚蠊物种之外，蠼螋几乎是唯一会照料后代的非社会性昆虫。雌性蠼螋在隐蔽的空间或缝隙中产下一堆卵，并花上一两周的时间来照料它们，防止真菌的感染和捕食者的入侵，直至孵化。雌性蠼螋在这段时间内甚至完全不外出觅食。孵化出的若虫身体柔软，尾铗和翅膀都没有完全发育，直到末龄若虫——通常是4龄——蜕皮之后。它们的寿命通常约1年。

　　蠼螋有着特殊的身体构造，最为显著的

就是身体末端的一对尾铗。尾铗其实是一对非常坚固、特化的尾须（相当于蜉蝣腹部末端的尾丝）。蠼螋的前翅很短，革质，将独特、扇形的折纸状后翅盖在其下。应用于飞行的后翅非常薄，具无数的褶皱，可以安全地折叠在短小的前翅下面，尾铗可以帮助后翅以合适的方式折叠起来。

　　蠼螋后翅的另一个要点是形状非常像一只耳朵。

　　下面是关于蠼螋名字起源的故事。在拉丁化或者希腊语来源的学名中，比如革翅目的拉丁学名Dermaptera，字面上的意思是"皮肤–翅膀"。这很可能是在描述蠼螋革质的前翅。蠼螋的英文名"earwig"则来自古盎格鲁–萨克逊语"eare-wicga"，字面意思是"耳朵–甲虫（或昆虫）"。可能蠼螋会钻到人耳朵里去，这一古老而延续的说法可能起源于此，不过这个名字也可能只是单纯地在描述它们的后翅长得像一只耳朵。由于缺乏可信的文献记载，蠼螋喜欢钻人耳朵的说法值得质疑。再者，"earwig"这个名字也确实只来源于一种语言/文化。举个例子，在日本的一些地方，蠼螋被称作"chinopo-kiri"，大致可以翻译为"生殖器–切割者"。这又成为一个值得探索的故事。

在热带地区，和许多其他昆虫一样，**蠼螋**也长得绚丽又特别。图中这个来自墨西哥的物种有着几乎与身体一样长的尾铗，是一只雌性。雄性尾铗一般长得更大、更具装饰性。算上尾铗，体长2.5 cm（1 in）。

图中是另一种热带蠼螋，来自泰国。它展示着粗大的板块和强壮的尾铗，采取攻击性十足的姿态来吓退敌害。这样的姿势可以让蠼螋及时避开捕食者最初的攻击。有的物种会使用尾铗来捕捉猎物，或者与同性进行仪式性的战斗。

这种来自哥斯达黎加的**蠼螋**展现出了它们的杂食性。相较于为花朵传粉，蠼螋更喜欢吃掉它们，当然这两种行为都有发生。体长0.6 cm（0.25 in）。

蠼螋的后翅能以复杂的方式像折纸一样折叠起来，长得像耳朵一样，而且很少被使用。大多数蠼螋的后翅是透明的，但这个物种的后翅上有浓重的斑纹，在突然展开时，可能会将捕食者吓呆，使蠼螋有足够的时间溜之大吉。之后，蠼螋用尾铗协助折叠后翅，将它们塞回短短的前翅下面。

分布于世界各地的**欧洲蠼螋**_Forficula auricularia_的雌性是非常尽职尽责的母亲。这里展示的是雌性欧洲蠼螋在守卫和清洁一团多达40枚的卵块，之后一群颜色与土壤相近的2龄若虫仍然与它们的母亲生活在一起。

欧洲蠼螋_Forficula auricularia_具有雌雄二型现象。雌性（上图），尾铗比雄性的更大且更加弯曲。受到威胁时，它们会将尾铗摆出攻击性的姿势，但尾铗最常用的功能是帮助它们折叠多褶皱的后翅。

来自哥斯达黎加云雾森林的一种漂亮的未鉴定的蠼螋。体长2.4 cm（1 in）。

十二、蟋蟀和蝗虫

直翅目 Orthoptera
17科24 000种

　　这个繁盛又容易识别的目大致被分成了2个亚目，分别包含了蟋蟀和蝗虫。它们都有着相似的基本身体结构，粗壮、用于跳跃的后足。它们的胸部都有一块盾状或马鞍状的背板，前翅革质，盖在用于飞行、折叠着的后翅之上。大多数种都能够通过振动身体的一部分发出复杂、吵闹的声音，还具有能接收声音的耳朵。

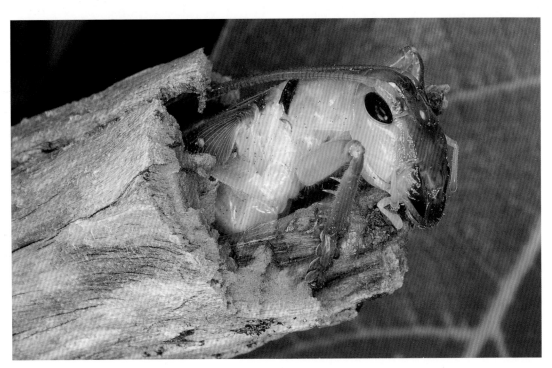

木蟋螽属蟋螽科Gryllacrididae，它们在整个白天都藏匿起来。它们有许多特殊习性，其中之一是钻到空洞的树枝里面，它们与空洞刚好吻合的身体大小可以排挤掉其他动物。图中这个来自澳大利亚的物种是这种吻合的一个好例子。体长3 cm（1.2 in）。

（一）剑尾亚目Ensifera——蟋蟀和螽斯

这一类昆虫包含了直翅目17个科中的11个，占了直翅目所有物种的大约60%。蟋蟀最主要的识别特征是非常细长的身体、分为很多节的触角。被称作长角蝗虫的一类昆虫，即螽斯类，都属于**螽斯科Tettigoniidae**。很多这一类昆虫的雌性都有非常长而弯曲的刀状产卵器，用于将卵产到缝隙中去。而蝗虫类的雌性产卵器则是短小而粗壮的，可以用于挖掘，因为它们通常在地下产卵。

蟋蟀是优秀而中气十足的"歌手"。它们的鸣叫是通过前翅基部一些特殊的硬化翅脉而发出来的，一边的翅脉像梳子，而另一边的像减速带——这是一种"梳齿"摩擦的机制。翅膀低速摩擦时发出比较低沉的声音，而高速摩擦时能发出超越人耳听力范围的超声波。科学家在描述蟋蟀的新种时，通过记录它们的鸣声，可以用于佐证它们的独特性。

在温带地区，夜间鸣叫的常见蟋蟀属于**蟋蟀科Gryllidae**。在热带，夜间的"歌会"则由螽斯各种各样的鸣叫主导，从简单的叽喳声，到像鸟类一样婉转的长歌。在白天，大多数蟋蟀都保持沉寂，这时的虫鸣声主要来自知了。知了保持着白天虫鸣声的最高分贝的纪录，有的物种吵闹的鸣声确实令人头疼。然而在夜晚，蝼蛄才是吵闹的大师。它们生活在地下的洞穴中，这些洞穴一般有两个喇叭形的开口，就像老式留声机的喇叭一样，这些开口被精心修饰以放大声音，这自然是早在我们人类出现之前就有的声学发明了。这套声学放大系统可以让一个个体的叫声在远达2 km（1.2 mi）外都能被听到。

与单纯植食性的蝗虫相比，蟋蟀是杂食性昆虫。有的蟋蟀取食活的植物，有的吃残渣，有的出人意料地成了捕食者。大型的沙螽甚至能捕食一些脊椎动物，比如蜥蜴、青蛙或小老鼠作为猎物。

这类昆虫中，种最为丰富的是**螽斯科Tettigoniidae**。它们也是十分优秀的拟态高手，有的能惟妙惟肖地模拟植物的叶片。这对夜间行动、白天必须躲开捕食者的昆虫来说，是至关重要的。其他的一些螽斯则躲藏在洞穴中、落叶层下，或空洞的枝条里。

世界各地的典型蟋蟀物种很多，但身体形态基本都是差不多的。它们的外观基本都是黑乎乎、短粗、大头，是通过摩擦翅膀来发出声音的昆虫。这里展示的是来自澳大利亚的**油葫芦属Teleogryllus**的蟋蟀，属**蟋蟀科Gryllidae**。体长2.2 cm（0.9 in）。

新西兰是岛屿生物一个著名的演化场，在这里许多动物，从鸟类到昆虫，都在演化过程中失去了飞翔的能力。几维鸟就是一个例子。又比如被称为"维塔Weta"的巨大螽斯。这是一头树沙螽*Hemideina sp.*。

红头树蟋*Phyllopalus pulchellus*是蟋蟀科**Gryllidae**中最漂亮花哨的成员之一。来自北美洲。

沙螽科Stenopelmatidae的**沙螽**大多是强壮的夜间猎手，长有令人生畏的大颚。这头体长超过6 cm（2.5 in）来自新几内亚的沙螽甚至能捕杀小型脊椎动物，比如蜥蜴和青蛙。

在沙漠中，大多数昆虫和蜘蛛都只在夜间活动。这种来自澳大利亚的**木蟋螽***Pereremus* **sp.**属蟋螽科**Gryllacrididae**，白天在沙洞中、石头或木头下面休息，夜间在开阔地带捕食。

最为奇特又罕见的蟋蟀是"蚁蟋",属蚁蟋科**Myrmecophilidae**。它们微小的身体形似蜚蠊,短于0.2 cm(0.08 in),长着很粗的后足。它们的一生都在蚁巢内度过,取食蚂蚁身体上的食物残渣。这里显示的是一头蚁蟋趴在一些凶猛的澳大利亚子弹蚁的幼虫之间。

这头看起来比较孔武有力的昆虫是蝼蛄,属**蝼蛄科Gryllotalpidae**。它们整个白天和大部分夜晚都在挖掘洞穴,取食植物根部。它们强壮、铲子一样的前足挖掘效率很高,哪怕是在黏土之中。蝼蛄最广为人知的是,它们通过有着一对喇叭状开口的洞穴来放大它们刺耳的叫声。

大多数的"维塔"属丑螽科Anostostomatidae。最大的物种可以长到10 cm(4 in)长,但最为奇特的还是那些长有长牙的物种。与许多不会飞的动物相似,新西兰主岛上的维塔种群被一些野化的捕食者,包括老鼠,毁灭殆尽。但在一些小岛,比如墨丘利群岛上,**墨岛獠牙丑螽Motuweta isolata**仍在自由生活、捕猎。它们仅雄性长有獠牙,用于进行仪式性的打斗。

螽斯是剑尾亚目中最大的类群，仅**螽斯科Tettigoniidae**就有超过6 500个已知种。在世界各地，尤其是热带地区，夜晚到处是它们的虫鸣声。大多数物种都是绿色的，对叶子的拟态也很常见。在一些热带物种中，它们将这种形态的特化进行到了极致，能够模拟出树叶的伤疤、叶脉、卷边，甚至被虫子咬过的孔洞和缺口。

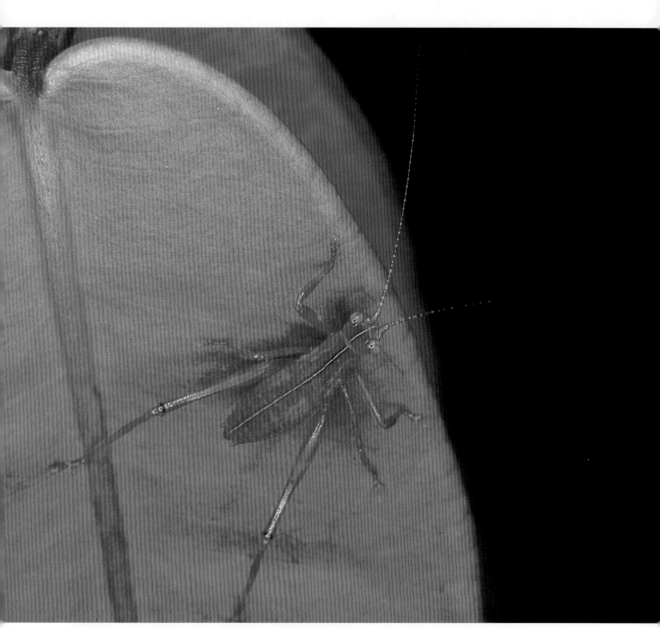

一些昆虫可以缓慢地改变它们身体的色彩或明暗，而少数昆虫，包括**螽斯**的若虫，还可以从它们的食物中摄取色素。这头红色的螽斯若虫长大后将改变食谱，长成常见的、叶子一样的绿色螽斯。

这头来自新几内亚的惹眼的螽斯若虫正处在最后一个龄期。再经过一次蜕皮，它会变成成虫，短短的翅芽会变成完整的翅膀。

如果呆在错误的背景中，再完美的伪装也无法隐藏这头来自哥斯达黎加的螽斯。

左右顶图、上图：来自伊瓜多尔的**叶螽**。　　来自加里曼丹岛的**叶螽**。

来自加里曼丹岛的**叶螽**，隐藏得极为完美。

上图：来自哥斯达黎加森林地表的**枯叶螽斯**。

右图：来自泰国的**叶螽**，体长4.8 cm（1.8 in）。

外形最为精致的螽斯之一，来自莫桑比克的一种**树螽***Acauloplax exigua*。它非常扁平的身体能够与叶片无缝地
融合起来。

除了叶片之外，螽斯还能利用苔藓和地衣隐藏自己。右图是一头**地衣螽斯**，左图是一头体形非常大却几乎隐形了的，体长达6 cm（2.5 in）的**苔藓螽斯**。它们均来自澳大利亚的雨林。

这头来自新几内亚的**穹顶螽斯**有着与一般螽斯拟态叶片状完全不一样的身体结构，还拥有一些刺，以保护它较为醒目的身体部分。

螽斯虽然看起来很像蝗虫，但它们有时并不吃草。这头来自加里曼丹岛的螽斯若虫正在大快朵颐一只蛾子。

螽斯若虫大多数情况长得与成虫一点儿也不像。有一些种在较早的龄期甚至拟态蚂蚁，这能够让它们免受一些不喜欢蚂蚁的捕食者的攻击（上图）。而其他有一些螽斯若虫则拥有比绿色成虫更加野性的斑纹（见下页）。

（二）锥尾亚目Caelifera——蝗虫

相对于螽斯，蝗虫外形上变化不大。大多数蝗虫都属于一个经典的科，**蝗科 Acrididae**，这其中包括了"普通的"蚂蚱和蝗虫。它们通常具有圆柱形的身体，前翅呈革质，覆盖在扇形、通常透明、折叠着的后翅之上。雌性没有螽斯那样特别延长的、用于产卵的产卵器【译者按：此处原作者犯了错误，蝗虫也有产卵器，只是很短】。它们的口器在大多数种中都是十分相似的，包含一片宽大的上唇，其下是1对较短却十分粗壮而尖锐、用于咀嚼植物的上颚。园丁们很熟悉切割工具是如何被植物的木质素磨钝的【译者按：这句话有点让人摸不着头脑，不知和正文有何联系】。几乎所有蝗虫都是植食性的，它们的食物大多是活的植物，比如草和树叶。

蝗虫的跳跃能力在我们看来习以为常，但也值得探究一番。把小型动物与人类直接进行能力上的对比是没多大意义的，如果真的要研究动物各种各样的能力，我们需要用身体长度作为参照。所以，动物中跳蚤和一些蜡蝉有最强的跳跃能力，它们一次跳跃的跨度能达到身体长度的200倍。而蝗虫，只能达到身体长度的大约30倍，也就是说，当蝗虫遇到危险时能蹦出约75 cm（30 in）那么远。人类跳远的最高记录，8.9 m（29 ft）也仅仅只达到了5个身体长度。

大多数蝗虫会"歌唱"，但相对于蟋蟀演化出的高昂又充满旋律的"歌声"，它们发出的声音要逊色得多。它们发声的原理也与蟋蟀不一样。虽然也是通过"梳齿"的摩擦，但蝗虫的"梳子"位于后足上，而"齿"则位于前翅上。因此，当观察一只静止不动、发出鸣声的蝗虫时，可以看到它的后足在不断地搓动。与之相反，正在停歇、鸣唱的蟋蟀则会震动前翅。蝗虫的鸣声听上去就是重复的唧唧声。

一些**蝗科Acrididae**的种在干旱地区演化出了复杂的生活史，这可以让它们最大限度地利用那里短暂的湿润、绿色季节。它们可以利用新鲜的青草快速增殖，当这些青草被毁灭殆尽后，它们又会大举迁徙到其他地方。这些就是在非洲和澳大利亚引发蝗灾的飞蝗。

锥尾亚目中第二大的科是时常长得奇特而肥胖的**锥头蝗科Pyrgomorphidae**。它们大多取食一些对脊椎动物来说有毒的植物，身体上时常会有一些炫目的斑纹来警告捕食者，不要试图吃掉它们。

其他一些成员包括**蜢科Eumastacidae**的蜢，还有**枝蝗科Proscopiidae**，长得如同树枝一样的枝蝗。此外，还有**蚱科Tetrigidae**习性隐秘，身体多刺的蚱。

锥头蝗科**Pyrgomorphidae**里包含着一些千奇百怪的物种。下面展示的是一些锥头蝗用于警示捕食者，不要试图吃掉它们的色彩和斑纹。

莱氏锥头蝗*Petasida ephippigera*，属锥头蝗科**Pyrgomorphidae**，来自澳大利亚。体长4 cm（1.6 in）。

一只锥头蝗的若虫，属锥头蝗科**Pyrgomorphidae**，来自马达加斯加。

彩虹沙漠锥头蝗*Dactylotum bicolor*，属锥头蝗科**Pyrgomorphidae**，来自美国。体长3 cm（1.2 in）。

对页：彩虹马利筋锥头蝗*Phymateus saxosus*，属锥头蝗科**Pyrgomorphidae**，来自马达加斯加。体长6 cm（2.4 in）。

上图：南非泡沫蝗虫*Dictyophorus spumans*，属锥头蝗科**Pyrgomorphidae**，来自南非。

右图：马利筋锥头蝗*Phymateus morbilosus*，属锥头蝗科**Pyrgomorphidae**，来自南非高地。体长6 cm（2.4 in）。

来自加纳的灌木锥头蝗*Taphronota ferruginea*，属锥头蝗科**Pyrgomorphidae**。

来自肯尼亚乞力马扎罗山，海拔4 000 m（13 000 ft）处的一种无翅锥头蝗。

在蜢科Eumastacidae中，有一个澳蜢亚科Biroellinae，在英文中被称作"monkey grasshoppers"，意为"猴蜢"。它们中的大多数都有格外长的后足，向外伸出，与身体大致呈90°。这种姿势以及狂野的斑纹让它们十分惹眼。

一种黄色的蜢*Paramastax* sp.，属蜢科Eumastacidae，来自厄瓜多尔。体长1.5 cm（0.6 in）。

约克角蜢*Biroella* sp.，属蜢科Eumastacidae，来自澳大利亚。体长2 cm（0.8 in）。

上图：一种来自马达加斯加的蜢，展现出完整的"劈叉"姿势。

左图：有些蜢并不将它们的后足向两侧伸开，而狂野的斑纹，以及结构复杂的腹部末端也使得它们脱颖而出。这个物种来自印度尼西亚，体长1.5 cm（0.6 in）。

十二、蟋蟀和蝗虫　　79

飞蝗是起源于非洲、澳大利亚、中亚和南美洲干燥地区的严重发生的害虫。当沙漠经历了短暂的降雨变绿后，它们大量繁殖，然后迁飞到其他有丰富食物资源的地方，仿佛一群饥饿的强盗。在新的地点，它们取食一切能吃的植物，如果气候允许，它们会继续进行繁殖，并形成更大的种群。

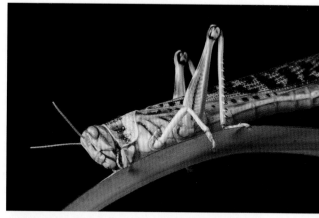

澳洲疫蝗Chortoicetes terminifera，属蝗科Acrididae。体长约3 cm（1.2 in），比非洲的沙漠蝗要小一些，但其破坏力也不容小觑。这里展示的是第一代雌性，每只蝗虫在深深的土壤洞穴中产下40枚卵，然后用一种特殊的泡沫将它们封闭起来。之后，大量孵化出的下一代无翅若虫在乡村的土地上成群结队，吃掉路上的植物。

大型的非洲沙漠蝗Schistocerca gregaria，属蝗科Acrididae。这种蝗虫在一天内能吃掉相当于自身等质量的植物。它们的迁飞群体可以覆盖几个平方千米的区域，而仅仅1 km²（0.4 mi²）内的沙漠蝗，就可以吃掉能养活35 000个人口的植物资源。上图显示的是马达加斯加的一个迁飞中的沙漠蝗群，视野所及之处，四面八方都是它们。

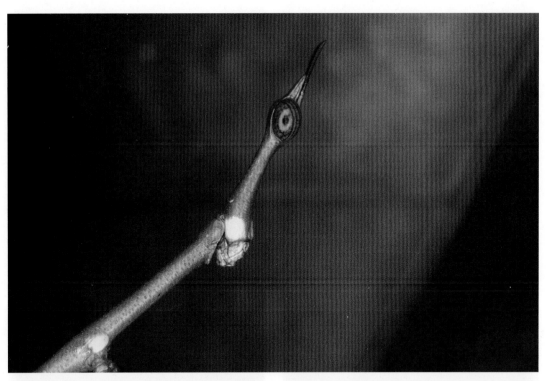

南美洲的亚马孙地区是非常多昆虫的家园，同时也是**枝蝗科Proscopiidae**的乐土。第一眼看去，这些昆虫长得特别像竹节虫，但仔细观察后，它们古怪的面庞与其他昆虫相去甚远。

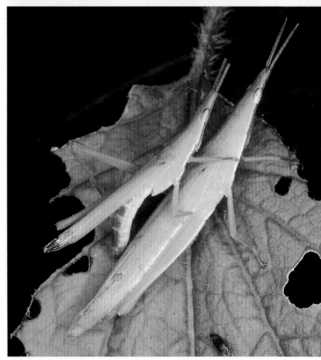

顶图：**恶魔斑腿蝗***Diabolocatantops axillaris*的若虫，看起来和长相"正常"的成虫一点也不像。这种奇异的身体结构可以帮助它融入苋菜的花朵中。来自肯尼亚，体长2 cm（0.8 in）。

上图：**澳洲异纹黑角蝗***Valanga irregularis*是一种分布于东南亚和澳大利亚的大型蝗虫。图中，一只2龄若虫和另一只4龄若虫正在分享一片叶子。体长1~6 cm（0.4~2.4 in）。

顶图：**斑马蝗***Zebratula flavonigera*，它们的出现是澳大利亚最北角地区雨季开始的标志。

上图：一种**负蝗***Atractomorpha*，有着标志性的锥形头部。这一对来自澳大利亚的负蝗正在交配。体长2.5~3.5 cm（1~1.4 in）。

对于蝗虫的演化来说，沙漠看起来可不是一个什么好地方。不过，在短暂而稀少的降雨来临后，沙漠会长出植物，而一些等待了很久的蝗虫卵会孵化。蝗虫就是这种生活方式最著名的例子。不过，有一些隐匿着的拟态高手，才使得沙漠物种更加的引人注目。下面是一些来自大洋洲和非洲的拟态物种。

完美地模拟树皮纹理的**树皮蝗**Coryphistes ruricola，体长5 cm（2 in）。

正在交配的一种**石蝗**Paniliela sp.，体长分别为2.5 cm（1 in）和2 cm（0.8 in）。

一只**沙蝗**，如果保持不动，它几乎隐形了。

一种身体侧扁的蝗，属蝗科Eumastacidae，趴在与之相似的枯叶边缘。虽然在图片上看起来很大，但在野外找到它也不容易。来自加里曼丹岛，体长3 cm（1.4 in）。

上图：和前一幅图中相似的**枯叶蜢***Chorotypus* **sp.**，属**蜢科Eumastacidae**，正侧躺在雨林的枯叶层上。

上图：注意这只蜢的身体是多么薄，以及它身体上枯叶一样的皱褶。为了容纳重要的取食和感觉器官，它只有头部比较粗大。来自苏门答腊，体长2.5 cm（1 in）。

顶图：一只伪装大师**蝗虫**完美地融入了周围的红色大理石。体长3 cm（1.1 in）。上图：一种澳大利亚的蝗虫 *Goniaea* **sp.**，不仅看起来像一片枯叶，它侧躺在地面上的行为也在模拟枯叶。

南非西海岸多灰尘、红壤的荒漠是**癞蝗科Pamphagidae**癞蝗的家园，它们的身体长着土灰色的斑纹。体长 1.5 cm（0.6 in）。

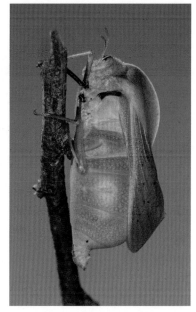

本章的最后以两个怪异的物种结束。左图：来自新几内亚森林中的**针头蚱**，属**蚱科Tetrigidae**，体长 2.5 cm（1 in）。右图：**气球牛蝗***Bullacris* **sp.**，属**牛蝗科Pneumoridae**，其腹部有一个气球一样的大空腔，用于放大它2 km（1.2 mi）之外都能被听到的鸣声。来自南非，体长4 cm（1.6 in）。

十三、竹节虫和叶蟪

蟪目Phasmida（原竹节虫目 Phasmatodea）

3科3 000种

这个目的昆虫因大多数成员生活习性极为隐秘而著名。虽然有的物种个头儿能长得很大，但它们是隐蔽的大师，能模拟树枝、树皮和叶子，有的物种甚至能精确地模拟叶脉和有缺口的叶子。

蟪目昆虫的大多数是竹节虫，归属于两个科。它们长条形、干瘦、圆柱形的身体变化多端，就像是不同形状的树枝。然而，关于隐蔽，最重要的不仅仅是长得像什么东西，还要做出完全模拟那个东西的行为。为了达到这个欺骗性的目标，大多数竹节虫只在夜幕的保护下才会活动。在白天，它们要么保持完全静止，要么轻轻地晃动身体，来模拟枝条在微风吹拂下的样子。如果被捕食者发现，它们要么僵直身体像一根真正的枝条一样掉落到地面，要么（有翅膀的话）突然张开它们鲜亮的翅膀，做出一种威慑性的姿势。

这么高超的伪装技艺带来了一个问题，那就是当这些昆虫相距甚远时，雄性要花很大的力气去寻找雌性。大多数竹节虫的雌性没有翅膀，而有翅膀的雄性就要去主动寻找雌性了。如果一些物种的雌性没有遇到雄性，它们可以不经过交配而产卵，从而产出与它们自身完全一样的后代——这种过程被称为孤雌生殖。一只竹节虫可产下多达100~1 000枚同样具有伪装的卵。这些卵看上去像植物的种子一样，被散漫地扔到与若虫需要取食的植物相距不远的地表。这种额外的伪装一般而言非常有效，不过喜欢采集种子的蚂蚁也会将它们带到地下的巢穴中储存并吃掉。卵可以进行长达3年的休眠，不过在热带地区，它们一般很快就能孵化。非常瘦弱纤细的1龄若虫一旦从卵壳中舒展开来，就会开始取食头顶的植物了。所有的竹节虫都是素食者。它们经过5~6次蜕皮，成为成虫，开始新一轮的循环。

真正的叶蟪属于**叶蟪科Phyliidae**，仅分布在亚洲的热带地区直至新几内亚。它们的伪装真实得令人吃惊。哪怕把它们从绿色或褐色的叶片中间取下来，它们看上去也像是真正的叶片。在白天，一些叶蟪会轻轻摇摆，就像微风吹拂下的叶子一样。

回到大小的话题上。官方认可的，世界上最长的昆虫是来自加里曼丹岛的**陈氏竹节虫*Phobaeticus chani***，它的足向前伸展（竹节虫的自然栖息状态）之后，整个身体长达56.7 cm（23 in）。令人吃惊的是，其最有力的竞争者，**巨人竹节虫*Ctenomorpha*** *gargantua*直到2006年才被发现于澳大利亚，它的官方最长记录是50 cm（20 in），还有一个61 cm（24 in）的非官方记录。现今，有人从卵开始饲养这种竹节虫，来通过实证标本，验证这个物种是否能够击败加里曼丹岛陈氏竹节虫的最长记录。无论如何，这些竹节虫都是令人震惊的长。在热带地区，典型的竹节虫一般只有10~20 cm（4~8 in）那么长，而叶䗛也差不多。

一种典型的**竹节虫***Podacanthus* **sp.**，来自澳大利亚。虽然没有很完美的伪装，但在一定的距离之外，它还是几乎与环境融为一体，尤其是在白天、一动不动的时候。

如果你想躲避捕食者，那么行为就和外表同样重要。上图这只来自加里曼丹岛的**竹节虫**被打扰了。它突然"变成"了一根树枝，从先前正在吃的叶片上掉落，身体变得僵硬，像真正的树枝一样落到地面。它将保持这样的姿态，直到危险过去。

至少有一半的**竹节虫**物种能够以假乱真地拟态树枝。上图这只来自加里曼丹岛的竹节虫将身体靠在一根藤条上，伸展的中足看上去就像小树杈一样。

对页图：这只来自马达加斯加，足是蓝色的**竹节虫**在白天活动，躲藏在大叶子的下方。体长7 cm（2.8 in）。

大多数**竹节虫**都具有一个特点，那就是拥有至少一种防御手段。如果一个物种趴在长满地衣的树皮上的隐蔽失效了，它还另有高招。它突然间掉到地表，身体翻转180°之后，肚皮朝上。它的腹面有完全不一样的斑纹，与地面的枯叶一致，于是它展现出的新形态让捕食者无法辨认其准确的轮廓，从而放弃捕食。

蓝色在大多数昆虫中都是比较少见的颜色。在澳大利亚，**大头竹节虫***Megacrania*趴在**露兜树***Pandanus*的叶片上，看起来十分醒目。然而，这种蓝色其实是一种警告。在被惊扰时，它会向捕食者喷出一种黏稠的乳状液体。对我们来说，这种防御液闻起来有薄荷味，不过对于潜在的捕食者来说，这很可能不是一种受欢迎的气味。体长8 cm（3.2 in）。

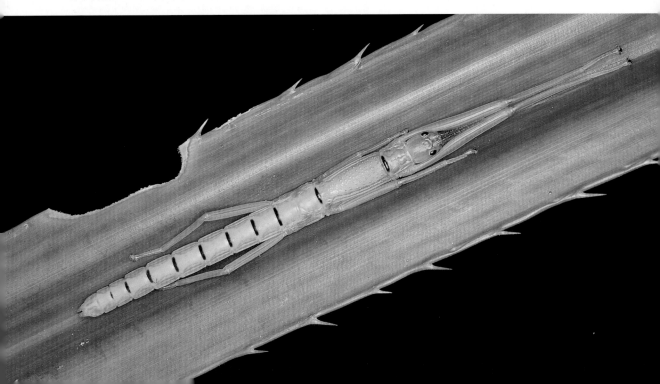

并不是所有的**竹节虫**都有翅，一些竹节虫是短翅的。这只来自马达加斯加的竹节虫只有很短的翅膀，不能飞行，但在被打扰时会突然张开翅膀，这能够吓到捕食者从而让它有时间逃跑。

竹节虫的卵时常拟态种子，看上去像是精美的艺术品。这是来自澳大利亚的4种不同竹节虫的卵。卵上还有"盖子"，若虫在内部开始伸展时，会将这些盖子顶开。

大多数**竹节虫**的雄性和雌性长得完全不一样，而且个头也要小很多。这是一种来自澳大利亚的竹节虫，雌性有14 cm（5.6 in）长，而雄性仅有9.5 cm（3.8 in）长。

来自哥斯达黎加的一种**竹节虫**的1龄若虫。它从非常紧致的卵（左图）中顶开卵盖、伸展开来的过程，就像展开非常复杂的折纸一样。这个物种会在树冠层中白色的蛙屑状地衣中隐蔽自己。

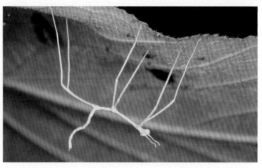

十三、竹节虫和叶䗛　　93

令人惊叹的世界昆虫图鉴

本章出现的最后一种竹节虫来自加里曼丹岛，它的隐蔽近乎完美。上图中有一头竹节虫，体长大约 4 cm（1.6 in），它不仅完美地模拟了所栖息植物的绿色，还模拟了植物的质感和斑纹。

对页图：人们很少了解的是，真正的**叶䗛**个头儿很大，这只来自印度尼西亚的叶䗛体长达10 cm（4 in），但几乎不为人知。它们对叶子的拟态堪称完美，再加上在白天一动不动，栖息在雨林树冠层的高处，让它们几乎隐身。**叶䗛属**Phyllium主要分布于东南亚，直至马达加斯加都有分布。

十三、竹节虫和叶䗛

一种叶䗛*Phyllium siccifolium*【译者注：原文拉丁学名错误】，它的拉丁学名字面上的意思就是"枯叶"。与常见的绿色叶䗛不一样，这种叶䗛在绿色的背景中可以被很容易地识别。体长9 cm（3.8 in）

十四、足丝蚁

纺足目 Embioptera

8科250种

这类昆虫很少被观察者见到。它们在树皮下、木头上或其他缝隙中编制丝质的通道，居住其中。已知物种数量很少，这也反映出它们十分隐秘的生活习性。更多未知物种还有可能会被发现。

足丝蚁的身体黑褐色，细圆筒形，体长0.5~1.2 cm（0.2~0.5 in）。大多数物种的雄性都有4片薄薄的翅，而雌性都没有翅。它们在丝质的通道中生活。这些丝和蜘蛛丝以及其他昆虫的丝完全不一样，是由足丝蚁的千足分泌出的。它们在跗节，即足的最末端几节的基部3节上具有分泌功能的膨大丝腺。

足丝蚁适应丝洞生活的另一种适应性，是能够以同样的速度前进和后退。雄性的翅在一开始很柔软，可以在后退时折向前方。当需要飞行、前往其他群体寻找异性时，它们的翅才会变硬。交配后，雌性会像一些螳螂一样，把雄性吃掉。它们幼小的后代，即若虫看起来就像缩小版的成虫。

上图：有翅足丝蚁，属等尾丝蚁科Oligotomidae。当雄性向外迁飞时，它们会被光所吸引，比如这头来自澳大利亚的物种。雄性寿命短暂，在变为成虫后几乎不吃任何东西。

左图：一种来自澳大利亚的足丝蚁*Australembia* sp.，属澳丝蚁科**Australembiidae**。

十五、缺翅虫

缺翅目Zoraptera
1科30种

这个目的昆虫不仅物种稀少，个头儿也极其微小，一般的观察者都很难发现它们。缺翅虫大多都小于0.3 cm（0.1 in），生活在朽木和其他一些鲜为人知的湿润环境中。它们之所以如此闻名，可能是因为我们至今都不能找到它们在演化路线上的近亲。蜉类、足丝蚁、螳螂、虱子和啮虫的身体基本结构都与缺翅虫极其相似而不易分辨。缺翅虫有两大类，不过都被划分到了一个世界性分布的属中。所有的缺翅虫都有念珠状触角，大概有一半的物种没有眼和翅，而另一半有小小的复眼和两对短翅。喜生活在腐朽有机质丰富的环境中，它们主要取食那里的真菌和螨虫。它们现今已知的分布范围包括美洲、非洲和亚洲南部——在澳大利亚和欧洲是没有缺翅虫的。

两种小型缺翅虫，体长均约0.3 cm（0.1 in），属缺翅虫科Zorotypidae。
上图：来自哥斯达黎加的**格氏缺翅虫Zorotypus gurneyi**。对页图：来自北美洲，身体近乎透明的**哈氏缺翅虫Zorotypus hubbardi**。

十六、啮虫

啮虫目Psocoptera
26科3 500种

啮虫目最常见的"书虱"最初是指一种和我们共享住房和仓库的小昆虫。它取食浆糊和纸制品，所以被看作是书籍害虫。一般而言，啮虫是身体柔软的小昆虫，体长0.5~10 mm（0.04~0.4 in）。它们拥有咀嚼式口器，取食各种各样的植物、真菌和碎屑。它们都不是捕食者，而且是很多捕食者如伪蝎最喜欢的猎物。和真正无翅又短胖的虱子相比，它们的身体通常更加细长，且有的长有翅膀，并生活在自然环境中，比如森林。它们可以被发现于叶子下面、树皮表面或下方、落叶层，或者其他隐蔽的地方。少数的种类能像足丝蚁那样生产丝线，用于在树皮上建造巢穴。暗淡无光的书虱在热带地区被一些光彩夺目的物种所取代，它们一般长有很长的翅膀。一些科中的种有群居性，以多达几百只的群体生活在开阔的树干上。

它们的生活史包括了产在隐蔽地方的卵，5~6龄期的若虫，然后是一般有翅的成虫。这个类群和真正的虱子（下一章）非常近缘。虱目昆虫有的有咀嚼式口器，有的有著名的刺吸式口器。虽然有一些啮虫被发现生活在鸟类或哺乳动物的巢穴中，但它们仅仅是为了取食一些碎屑和残渣，没有一种啮虫是像虱子那样的寄生虫。

上图：一种独居性的大型**啮虫**，来自澳大利亚的**艳丽曲啮虫***Sigmatoneura formosa*。有翅的成虫将翅像屋脊一样折叠在身体背部，翅的末端稍尖；触角一般都又细又长。

对页图："书虱"中的"虱"字其实对这个目有些误导性。它们都不是寄生虫，有些还长得十分美丽，在自然环境中参与着营养的不断循环。这种来自泰国的群居**啮虫**就是一个这样的例子。体长0.4 cm（0.15 in）。

这个来自厄瓜多尔的物种可能是世界上最大的**啮虫**了，体长达到了1 cm（0.4 in）。它们身体长有红黑相间的警戒斑纹，生活在开阔的叶子表面，而不是躲藏于其下。然而，它们只是在模拟一些有毒昆虫的长相，因为啮虫体内一般没有储存毒素。

这种来自澳大利亚的**丽啮** *Calopsocus* **sp.**，属丽啮科 Calopsocidae，突破了我们对啮虫的刻板印象。它的翅膀末端不形成像其他啮虫一样的尖角，而是平缓地向下弯折。它在桉树林中取食真菌。

世界性分布的**书虱科Liposcelidae书虱属*Liposcelis***昆虫生活于书本中，取食浆糊和旧纸张。

有翅啮虫通常身形狭长，翅要比身体长出许多。这是来自印度尼西亚雨林中生活在叶子背面的另一种群居啮虫。

十七、虱子

啮虫目Psocoptera（原虱目 Phthiraptera）

27科3 500属

过去属于虱目Phthiraptera，现与啮虫目Psocodea【原文中的"Psocoptera"是狭义的啮虫目，归并后应该为"Psocodea"】归并。这一类才是真正的虱子。大部分物种是体外寄生虫，也就是说，它们寄生在鸟类和哺乳动物等寄主的身体表面。它们的祖先演化成了啮虫（前一章）和两类虱子，包括鸟虱和虱子。鸟虱拥有咀嚼式口器，主要生活在动物巢穴中取食皮屑和羽毛。一些啮虫保留了这种类似的习性。然而，经过漫长的时间，一些种类离开了巢穴中的危险环境，选择直接生活在寄主的身体表面。在这里，它们失去了翅膀，身体变得更扁，足也变得更短。一些种类甚至直接在寄主的身体表面咀嚼皮肤，或者直接吸食血液和油脂。这些昆虫的口器逐渐变成了针状，直接以吸取寄主的血液为生。

因为这些昆虫完全适应了寄主身体表面这样的特殊环境，在寄主之间移动就变得十分困难。它们的生活史中并没有一个非常适应自由移动的阶段。因此，它们一般不离开动物身体，除非两个寄主之间发生了非常紧密的身体接触。这意味着大多数虱子的物种都限制于一种，或者偶尔两种寄主。至今已知的虱子和鸟虱有3 500种，这也就是说几乎所有不同的鸟类和兽类物种都有它们比较专一的体外寄生虫。人类的身体上有3种虱子：头虱、体虱和阴虱。

由于不用明说的原因，寄生于人类阴部，属**阴虱科 Pthiridae**的**阴虱*Pthirus pubis***几乎没有流传的自然生境照片。它有着虱子中最大的爪，专门用于牢牢地抓握毛发。幸运的是，相对于其他人体寄生虱子而言，阴虱的数量现在是最少的了。

虱子短小的足一般都有着非常有力的大爪，能够在寄主试图清除它们的时候牢牢抓住毛发。鸟虱要么有爪子，要么直接用足抱紧鸟类的羽毛。鸟虱的身体一般来说要细长而光滑得多，当鸟类用喙清理羽毛时，可以让它们在羽毛之间更加方便躲藏。虱子中最为特化的物种可能是**海豹棘虱*Echinophthirius horridus***，它的整个生活史都在海豹皮肤外侧、充满油脂的毛发层中。这层毛发为了适应长时间的潜水，时常填充着大量空气。

虱子和鸟虱通常在寄主最难以触及的位置产卵。在鸟类身体上，头部和颈部是常见的产卵位置，鸟类很难用喙清理这些地方。虱子产卵时能够分泌出一种很强劲的"凝胶"，用于将卵粘在毛发和羽毛上面。在产卵的时候，它们必须格外小心，以防止自己的身体也被粘住。虱子和鸟虱的生活史完成迅速，比如人类的体虱从卵到成虫只需要短短的8天。

典型的**鸟虱**。它们的身体很扁，身体上的骨片坚硬而又光滑，使它们能在羽毛层中快速移动。这是生活在鸳身上的鸟虱。

要想准确理解鸟虱的生活环境，我们可以看看这张图——来自澳大利亚，生活在丛冢雉身上的**鸟虱**。注意在非常放大、细节丰富的羽枝上，它看起来也不大。这让它们对寄主造成的伤害相对来说非常微小，而且也难以被寻找和去除。

来自北美洲的**细鸭虱**Anaticola crassicornis正趴在羽毛上。大多数鸟虱的身体都比较细长，而不是圆胖，不过几乎所有鸟虱都非常扁。

上图：任何观察过猴子的人，都会注意到它们会花费大量的时间互相清理毛发。这是彼此的社交活动，但在这个过程中，它们灵巧的手指能够抓到虱子，并把它们送到嘴里吃掉。这张图展示的是来自摩洛哥的巴巴利猕猴正在互相理毛。

左图：这是最臭名昭著的虱子，**头虱**Pediculus humanus，属**虱科**Pediculidae。它们被孩子们带到家中之后，就很难清除干净。和其他虱子不一样，它们适应了在寄主之间传播，能在学校或其他公共场所呈暴发式地增长。图中展示的是在毛发上，它们微小的身形和杂技功夫。

十八、蝽、蜡蝉、蝉、蚜虫和介壳虫

半翅目Hemiptera

131科88 000种

"Bug"这个词到底指的是什么呢？在一本关于世界昆虫的书中，我们必须对它做出准确的解释，才能让世界各地的读者理解。在北美洲，"bug"这个词可以指代任何昆虫。虽然这是一个广泛的含义，但最初，"bug"指的只是半翅目Hemiptera中的一类昆虫。真正的"bug"指的是有刺吸式口器，所有口器的组件像喙一样融合起来的一些昆虫。它们没有用于咀嚼的上颚，只能吸食液体。在中文中，它们被统称为"蝽"。【译者按：最后一句为译者加，为方便中国读者理解。下文中，直接用"蝽"代替原文的"bug"】

蝽类昆虫一般都有翅，前翅的前半部分革质，交叉盖在身体的背侧。甲虫虽然也有坚硬的前翅，但它们的鞘翅是并排盖在身体背侧的，而且甲虫的口器是咀嚼式的。蝽的后翅能用于飞行，一般是透明的。它们从卵到若虫，经过五次或更多蜕皮成为成虫。蝽的若虫看起来就像缩小版的成虫，但一般会有与成虫不一样的斑纹，而且在幼龄时体形会更加短粗。成虫和若虫的食性是一致的，因此在同一株植物上时常能观察到植食性种类的不同生活阶段。植食性蝽有时是害虫，它们会刺穿植物并吸食汁液。当它们取食的植物是农作物时，就会带来麻烦。不过，这些对人类有害的物种，只是蝽类家族中的一小部分。

半翅目是一个非常大的、极其多样的目，而且并不是所有成员都是植食性的。这里面也有一些技艺高超的猎手，尤其是名字恰如其分的猎蝽。它们不用咀嚼式的上颚取食，而是用喙刺穿猎物的身体，并向其体内注入消化液，然后将猎物吸干。猎蝽都生活在陆地上，不过有一些肉食性的科的蝽类依水而居。有8个科是完全水生的，这些蝽类会来到水面呼吸并储存空气。有的科的蝽则利用水的表面张力，生活在水的表面上，比如水黾。

当使用"蝽类"这个名词的时候要格外注意，因为半翅目其实包含了三大类不大一样的昆虫。除了蝽类之外，还有蝉类和胸喙类【译者按：在中文语境中，此处不能按照原文的蜡蝉类和"介壳虫类"翻译】。

蝉类有角蝉、飞虱、蜡蝉、蝉和很多其他类群。它们一般都有翅，身形较长，有的类群有发达的、能跳跃的后足。事实上，世界上最适应跳跃的昆虫不是跳蚤，而是一种蜡蝉。蝉类多是植食性昆虫，有些物种呈家族式群居，有的则自由、散漫地生活。蝉在求偶时，会用它们空洞的腹部发出吵闹的鸣声来吸引异性，而其他一些蝉类发出的声音则处在声音频率的"低音炮"一端，超出了我们听觉的最低敏感度。在这其中有少数物种是害虫，比如飞虱。

这里面最神奇的昆虫就是介壳虫和它的亲戚们，也就是胸喙类昆虫了。介壳虫的身体往往就是一团透明的肉，它们的足和用于吸食汁液的口器都很小而且结构简单。对于大多数观察者来说，它们的足和口器都是很难见到的。"介壳虫"这个名称，也就是在指它们用于遮盖柔嫩身体的形状多样、蜡质、盾状的一层壳，即介壳。一旦介壳完工，很多物种的雌性此生就再也见不到阳光了。介壳虫不断吸食汁液，介壳也随之不停地生长。大多数物种的雄性具有翅膀，可以飞行，到其他地方寻找雌性以交配。介壳虫中有许多物种是害虫。一旦在植物上落脚，介壳虫可以快速繁殖，并明显地慢于植物的生长速度。它们排出的多余的糖分会引起煤污菌和其他真菌的感染，从而进一步为害植物。蚂蚁非常喜欢喝介壳虫排出的蜜露，因而会保护和牧养这些甜甜的食物的提供者。

除了介壳虫，胸喙类昆虫还包括蚜虫、粉蚧和粉虱等。

（一）异翅亚目Heteroptera

最典型的蝽，就是**蝽科Pentatomidae**的成员了，它们也被称作**臭蝽**。这个科的蝽类典型特征为身体卵形，背部两侧略呈尖角。大多数物种在较硬的半鞘翅下方有能够飞行的后翅。**稻绿蝽*Nezara viridula***是全世界菜园中常见的害虫。体长1 cm（0.4 in）。

大多数蝽不会出现在我们的园子中。它们中的一些物种有着炫目的斑纹，而且会在受到攻击时分泌恶臭的液体。这是来自澳大利亚和新几内亚的、色彩斑斓的**黑足显蝽*Catacanthus nigripes***。

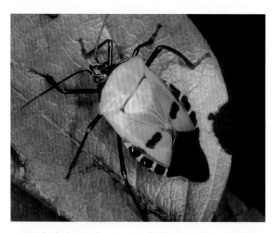

这是来自新几内亚，长有警戒斑纹的**红显蝽*Catacanthus incarnatus***。这种相同的黄黑相间的斑纹被许多其他昆虫甚至蜘蛛所采用，可以让它们免受捕食者的攻击【译者按：原文说"poisonous"有误，这种蝽没有毒】。

蝽的另一个科，**盾蝽科Scutelleridae**，大多都长有明亮的斑纹，它们的小盾片扩大至全身，像铠甲一样盖住了大部分身体【译者按：原文说"wing cases"显然有误，盾蝽的背部其实是扩大的小盾片，而不是翅】。这种**小丑盖盾蝽*Tectocoris diophthalmus***是盾蝽家族中比较少见的一种害虫。上图展示的是刚刚从卵中孵化出的若虫，它们已经准备好侵害园艺植物和棉花了。

硕蝽科**Tessaratomidae**的若虫时常有着比成虫更加鲜亮惹眼的配色。这里展示的是两个物种，来自澳大利亚的
玫红硕蝽*Lyramorpha rosea*（上图）以及来自加里曼丹岛的同属另一种硕蝽（两页前）。

图中**网蝽属网蝽科Tingidae**，身体扁平，四周边缘扩展、透明，宽于下方的躯干并有很多蜂窝状的纹理。这是来自北美洲的**方翅网蝽属*Corythucha***的网蝽。体长0.5 cm（0.2 in）。

这是欧洲常见的**赤条蝽*Graphosoma lineatum***，又被称作"游方蝽"，喜欢吃芹菜等伞形科植物。体长1.2 cm（0.5 in）。

这是欧亚大陆常见的**饰纹菜蝽*Eurydema ornata***【译者按：原文拉丁名拼写错误】。这个物种有很多色型，喜欢吸食十字花科**Brassicaceae**植物的汁液。体长0.8 cm（0.3 in）。

长蝽科Lygaeidae的长蝽常被称作种子蝽，不过有些种类也是捕食性的。注意上图中，这头长蝽正在用非常纤细的喙刺穿和拉住蜗牛的壳。

有6个科的蝽类完全适应了水生生活。它们大多都是捕食性的，在水下或水表面生活。它们没有鳃，因此必须来到水面补充空气，或者通过一根特化的呼吸管来呼吸。当它们生活的池塘干涸时，大多数水蝽都能飞到新的池塘中去。

仰泳蝽之所以得到这样一个名字，是因为它们游泳时后背朝下。它们的后足呈桨状，可以让它们在水中非常快速地推进。上图是**仰泳蝽科Notonectidae**的粗仰蝽*Enithares* **sp.**，来自澳大利亚。

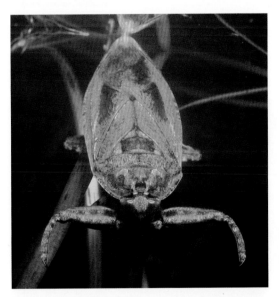

最大的水蝽是**负子蝽科Belostomatidae**的田鳖。这头来自澳大利亚的田鳖体长达到了7 cm（2.7 in）。它用一对钳子一样的前足来刺穿经过的猎物，比如蝌蚪和小鱼，之后用刺吸式口器将它们的体液吸干。

负子蝽科Belostomatidae还包括一些体形较小的**水蝽**，比如上图所示的一只负子蝽。它正在取食一只淡水螺。负子蝽的雌性会将卵粘在雄性的后背上，由雄性来保护这些卵直到孵化。

这些水面上的杂技高手属**黾蝽科Gerridae**，它们就是水黾，或者叫作**黾蝽**。水黾细长的足上有一层特殊、防水的细毛，可以让它们在水面上自由行走。水黾用它们的中足，像船桨一样在水面上高速滑行。这只来自澳大利亚的**水黾*Tenagogerris euphrosyne***正在吃一只掉到水面上的蝉。

这种大型的**水黾**生活在东南亚和新几内亚的雨林池塘中。掉落到水面的昆虫喙发出振动，这些振动像雷达信号一样，可以被水黾的足探测到。它属**水黾科Gerridae**，体长2 cm（0.8 in）。

来自厄瓜多尔，拟态当地蜜蜂的一种艳丽的**猎蝽**，属**猎蝽科Reduviidae**。并不是所有捕食者都喜欢去招惹社会性昆虫比如蜜蜂和蚂蚁，因为这可能会招致它们的报复。因此，对于这种猎蝽来说，这种欺骗性的外表可以在"吃或被吃"的世界中保护它们自己。

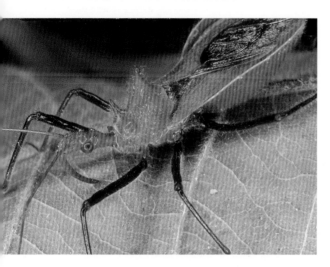

猎蝽科Reduviidae猎蝽是大多数环境中都很常见的捕食者。它们弯曲的喙，或者叫作刺吸式口器，可以刺穿猎物的身体并注入消化液（右图）。之后，猎蝽将猎物体内半消化的液体吸干。大多数的猎蝽体色艳丽，在开阔处活动，也有少数会用特殊的伪装来提高隐蔽性。右上图中灰褐色的一团就是一只来自加纳的猎蝽若虫，它将白蚁巢穴中的泥土盖在身上，然后偷偷猎杀白蚁。

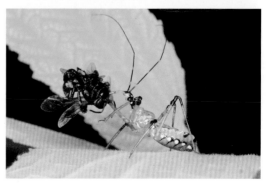

缘蝽科Coreidae缘蝽有时又被称作"南瓜蝽"。大多数缘蝽身体粗壮、褐色，不过这只来自哥斯达黎加的缘蝽*Anisoscelis affinis*显然是个例外。

蝽类昆虫中，物种最为繁茂的家族就是**盲蝽科Miridae**了。大多数盲蝽身形修长，触角也很长，还有非常多样的颜色组合。有些盲蝽是农作物害虫，不过大多数成员的生活都远离人类，比如下图这只来自马来西亚的正在为花朵传粉的盲蝽。

红蝽科Pyrrhocoridae的物种大多都是橙色或者红色，经常取食种子。它们将种子内部液化并吸干，有时会疯狂地聚成一团，比如下图这种来自马达加斯加的一种棉红蝽*Dysdercus sp.*。

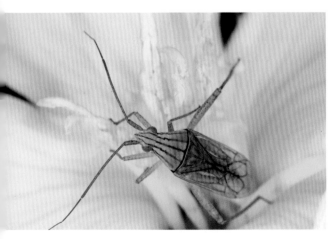

（二）同翅亚目Homoptera

蝉通常要花两年甚至更多时间在地下取食植物的根部。它们强壮、适应挖掘的若虫成熟后会在夜间钻出地表，爬上树干，之后羽化为成虫。这是一只来自澳大利亚，刚刚羽化的蝉，它正在晾干身体和翅膀，直到硬化后就可以飞走。

下图：**十七年蝉**是北美洲最著名的蝉（有时它们会被错误地称为十七年蝗虫）。它们的若虫在树根周围挖掘洞穴，在大量羽化出现之前，需要度过17年的时光。它们的成虫鸣叫声非常吵闹，甚至已经能让人耳感受到刺痛。十七年蝉的成虫寿命很短，交配、产卵后就会死去。

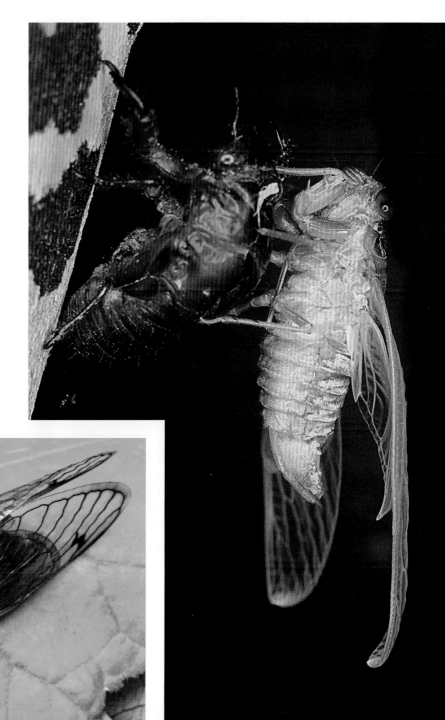

蝉是通过振动它们腹部一个空洞的空间内一片鼓膜一样的薄膜而发出声音的。一些物种被称作**"双鼓蝉"**，因为它们拥有两套鼓膜。这只来自澳大利亚的**北陶蝉***Thopha sessiliba*是世界上最为吵闹的昆虫之一。

为了发出这么大声的"歌唱"而又不至于被捕食者发现，有些蝉身体上长出了伪装色。这只**小斑扬蝉** *Yanga guttulata*来自马达加斯加。体长5 cm（2 in）。

上图是世界上最大也是最漂亮的蝉，**青襟油蝉***Tacua speciosa*，它生活在东南亚的热带雨林中。它的翅展达到了惊人的18 cm（7 in）。它实际上要比本书显示的大小还要大一些。

泰国的高地森林是很多炫目的蝉的家园，比如这只**黑翅蝉***Heuchys fusca*。

同翅亚目中，最大的类群是**头喙亚目Auchenorrhyncha**【译者按：原文中planthopper指蜡蝉类，但这一页介绍的是**叶蝉leafhopper**，应该称为蜡蝉+叶蝉，属**头喙亚目Auchenorrhyncha**】。它们身体一般较长且扁，后足粗壮，一些物种保持着昆虫中的最远跳跃记录。它们由于一些物种是农作物害虫而臭名昭著，不过大多数类群都是无害甚至美丽的昆虫，大多数属于**叶蝉科Cicadellidae**，这个科有超过20 000个已命名的物种。

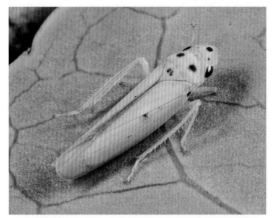

来自哥斯达黎加的一种**叶蝉***Macunolla* **sp.**，叶蝉科**Cicadellidae**。

来自新几内亚的一种**叶蝉**，叶蝉科**Cicadellidae**。体长0.4 cm（0.16 in）。

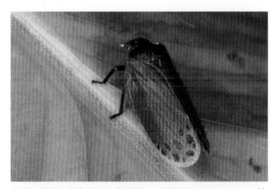

来自哥斯达黎加的一种**沫蝉**，沫蝉科**Cercopidae**。体长1.4 cm（0.6 in）。

来自马达加斯加的一种**叶蝉**，叶蝉科**Cicadellidae**。体长0.8 cm（0.3 in）。

来自哥斯达黎加的一种**叶蝉**，叶蝉科**Cicadellidae**。体长1.5 cm（0.6 in）。

来自哥斯达黎加的一种**叶蝉***Agrosoma* **sp.**的若虫，叶蝉科**Cicadellidae**。

来自哥斯达黎加的一种**叶蝉**Ladoffa dependens，属叶蝉科Cicadellidae。体长0.8 cm（0.3 in）。

来自马达加斯加的一种**广翅蜡蝉**，属广翅蜡蝉科**Ricaniidae**。体长1.4 cm（0.6 in）。

来自印度尼西亚的一种**蛾蜡蝉**，属蛾蜡蝉科**Flatidae**。

来自新几内亚高地的一种叶蝉，属叶蝉科Cicadellidae。体长1.2 cm（0.5 in）。

来自马来西亚的一种叶蝉*Bhandara* **sp.**，属叶蝉科 **Cicadellidae**。

来自哥斯达黎加的一种叶蝉*Agrosoma* **sp.**，属叶蝉科 **Cicadellidae**。体长1 cm（0.4 in）。

一些科的蝽类的I龄若虫，或者整个若虫期身形细长、拟态蚂蚁。蚂蚁是一类棘手的猎物，它们时常以很大的群体进行防御，所以长得像蚂蚁可以让另一种昆虫活得更长。左图：这头绿色的蝽（左上图）属蛛缘蝽科**Alydidae**，它的长相是在模拟产于非洲至澳大利亚的脾气暴烈的**织叶蚁**_Oecophylla_ sp.（左下图）。右图：这头黑色的蝽（右上图）也是一种**蛛缘蝽**，它的若虫模拟的对象则是**多刺蚁属**_Polyrhachis_的蚂蚁（右下图）。【译者按：这一页的内容有点奇怪，是否考虑将之挪动到蝽类那一部分？】

来自厄瓜多尔，南美斑大叶蝉属*Macugonalia*一种叶蝉，属叶蝉科Cicadellidae。体长1 cm（0.4 in）。

这种杜鹃叶蝉*Graphocephala fennahi*原产于美洲，在那里它们吸食杜鹃树的汁液。它被传入欧洲后，分布十分广泛。

一种来自马来西亚的叶蝉，属叶蝉科Cicadellidae。体长1.2 cm（0.5 in）。

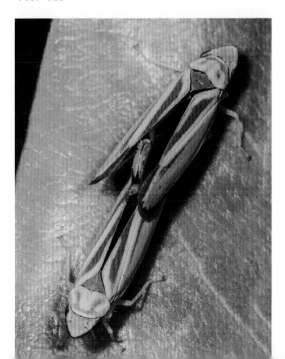

蜡蝉的若虫长得可以和成虫大相径庭。大多数蜡蝉的若虫能分泌出一些复杂的伪装性蜡丝，这些蜡丝会不断地生长并改变形态。这里展现的是两种蜡蝉的若虫，左图中的若虫来自马达加斯加，右图中的若虫来自加里曼丹岛。【译者按：右边显然是广翅蜡蝉科，原文说是蛾蜡蝉，为确保不出错，统一说"蜡蝉"】

瓢蜡蝉科Issidae的瓢蜡蝉身体圆滚，似乎是在拟态小甲虫。这是来自印度尼西亚的**球瓢蜡蝉属***Hemisphaerius*昆虫。

袖蜡蝉科Derbidae的许多物种生活在热带，有着怪异的长翅膀。这种袖蜡蝉来自马达加斯加。翅展2.5 cm（1 in）。

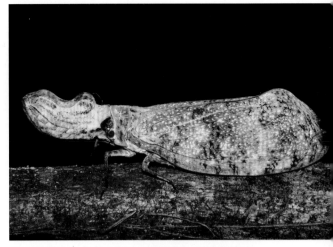

加里曼丹岛是蜡蝉类昆虫的热点地区，在这里的雨林树干上能发现大量又大又好看的蜡蝉，属蜡蝉科 **Fulgoridae**。

另一种来自加里曼丹岛的**长鼻蜡蝉***Fulgoria* **sp.**。体长4 cm（1.6 in）。

提灯蜡蝉这个名字来源于一个误解，即它们膨大、肿胀、提灯状的"鼻子"曾被认为是会发光的。它们的另一个俗称是"花生头"蜡蝉。这只**提灯蜡蝉** *Fulgora laternaria*最早被发现于南美洲，属**蜡蝉科 Fulgoridae**。它能长到9 cm（3.5 in）长。

这只嫩白色、尾部有突出的蜡丝的若虫属**菱蜡蝉科 Cixiidae**。它在澳大利亚的熔岩管道中过着暗无天日的生活。

这是加里曼丹岛常见的一种帅气而又巨大的蜡蝉，它属**蜡蝉属Fulgora**，蜡蝉科**Fulgoridae**。当它的色彩斑斓的翅完全张开时，会显得更加惹眼。大多数科的蜡蝉类昆虫都有翅膀，不过有一些不喜欢飞行，而是更偏向于行走和跳跃。

许多**角蝉**的"帽子"结构精巧，比身体其余部分都要大——它们的躯干部分一般不超出翅膀末端。这些突起都是十分特化的前胸背板【译者按：这句为译者加，原文没有，为了方便读者理解】。要不是这些结构内部是空的话，它们在控制身体平衡时可是要出大问题的。这里展示的是来自厄瓜多尔的一种**驼角蝉属Heteronotus**的昆虫。体长1.2 cm（0.5 in）。

角蝉科**Membracidae**的角蝉因为有极其巧妙的身体结构而闻名，虽然这些构造的功能还没有被完全研究透彻【译者按：原文说这些没有任何已知的功能，显然有误，有的是拟态，有的是防卫】。它们大多数以家庭为单位群居，成虫和明亮而长相完全不一样的若虫生活在一起。

来自伯利兹的一个**茄角蝉属Antianthe**角蝉的大家庭。注意图片底部那头小小的、红色、多刺，看起来好像和成虫无关的若虫。

来自哥斯达黎加的一种**高枝角蝉Cladonota luctuosa**。哥斯达黎加的角蝉有丰富的多样性。

这种来自哥斯达黎加的**多刺膜翅角蝉Poppea diversifolia**不仅没有在追求奇形怪状的路上停止，还加上了斑斓的色彩。体长1 cm（0.4 in）。

来自马来西亚的**金牛弧角蝉***Leptocentrus taurus*。它是**角蝉科Membracidae**的一个小个子，它们的前胸背板非常特别。

一种来自中美洲的**弓背角蝉属***Umbromia*的角蝉，它模拟的是金合欢树枝上的棘刺。

来自哥斯达黎加的**野牛角蝉***Stictocephala bisonia*，长有两个三角形的尖角。体长1 cm（0.4 in）。

一种来自新几内亚的未鉴定**角蝉**。体长1 cm（0.4 in）。

本页展示的几个科的昆虫过去都属于独立的亚目，包含了容易识别的蚜虫，以及长相怪异的介壳虫和其近缘类群。介壳虫的身体就是简单的一团肉，其上覆盖着一层精巧的蜡壳或者鳞片一样的结构。

世界上仅有少数蚜虫的物种是我们园子里的害虫。图中的这种**蔷薇长管蚜***Macrosiphum rosae*属蚜科**Aphididae**，可能是最著名的蚜虫了。

夹竹桃蚜*Aphis nerii*是一种世界性分布的蚜虫。它们随着一些培育植物，比如红薯、高粱和大豆的人为引种而被传播到世界各地。

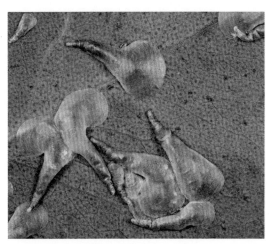

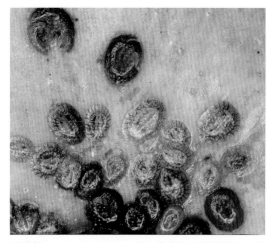

木虱科Psyllidae昆虫又被称作"桉胶虫"——"桉胶"指的是它们盖在身体上的一层蜡质壳。图中展示的是**桉木虱属***Creiis*的一种桉木虱，它们生活在澳大利亚的桉树叶片上。透过蜡壳看，它们长度仅仅0.2 cm（0.08 in）的微小身体就是壳下橙色的一团肉。

褐软蚧*Coccus hesperidum*是一种臭名远扬的害虫，属蚧科**Coccidae**。图中展示的是一群在一个芒果上生活的褐软蚧。

十九、蓟马

缨翅目Thysanoptera

9科6 000种

蓟马是微小至小型的昆虫，体长0.5~4 mm（0.02~0.16 in）。有些物种是农作物或园林植物上的害虫，不过在昆虫世界中，大多数的物种其实都是对人类没有危害的。大多数蓟马取食花朵或植物的其他部分，并不会影响我们的生活。有的蓟马吃真菌的孢子，有的是捕食者，能够帮助我们消灭一些害虫，比如蚜虫。

蓟马有着十分特别的身体构造。在自然界中有一个准则，那就是多细胞动物往往是对称的。然而，蓟马失去了一侧的上颚，口器中剩余的部分特化成了一根短管。取食的时候，蓟马用仅存的一侧上颚刺破植物细胞，然后用那根短管插入吸食。同样有着刺吸式口器的蝽则是将更长、更粗壮的管子插入植物的韧皮部或木质部中，直接从导管或者筛管中吸食汁液。这意味着蓟马在取食的时候会将植物细胞杀死，而蝽则由于夺取了植物富有营养的甜甜汁液，使其逐渐弱化。

蓟马中少数的害虫由于能够在植物之间传播病害，间接造成世界范围内农作物病害的传播，而显得十分危险。

蓟马另一个奇特的方面是它们的生活史。蓟马有两个若虫的龄期，之后是两个或三个不取食的"前蛹"期。因此，在昆虫中，它们被看作是介于不完全变态和完全变态的中间类群。这种生活周期可以非常快速地在3周内完成，也就是说一年内它们能繁殖很多代，尤其是在热带地区。

夏威夷花蓟马*Thrips hawaiiensis*是一种形态典型的蓟马。体长仅0.3 cm（0.1 in），它虽然个头十分微小，但已经快速传播到世界各地和多种寄主植物上了。上图中是香蕉上的夏威夷花蓟马。

当蓟马携带着一种病毒，并与之协同演化时，事情就变得非常糟糕了。下图是番茄叶被蓟马传播的斑萎病毒感染后的症状。

管蓟马科**Phlaeothripidae**因有着最大的蓟马物种而闻名。上图这种来自澳大利亚的**战管蓟马属***Mecynothrips*的物种就是蓟马家族中的巨人，体长达1.2 cm（0.5 in）。它取食真菌。

大多数蓟马的物种体色暗淡，不过一些热带地区有鲜明靓丽的物种，比如下图这种来自印度尼西亚，体长0.3 cm（0.1 in）的**菌蓟马**。

二十、泥蛉和齿蛉

广翅目Megaloptera

2科300种

二十一、蛇蛉

蛇蛉目Raphidioptera

2科260种

体形非常小的广翅目Megaloptera和同样非常小的蛇蛉目Raphidioptera亲缘关系密切，这两者又与更大的脉翅目Neuroptera（草蛉和蚁蛉）相近。它们都起源自2亿年前二叠纪的近似祖先。它们是昆虫中较早出现蛹期的昆虫【原文有误！根据最新的昆虫系统学研究结果，膜翅目才是最早出现蛹期的昆虫，因此此处将"最"改为了"较"】，它们在生活史中要历经幼虫、蛹和成虫的蜕变。

广翅目的幼虫生活在水里，在北半球的冷凉区域，它们至多要在水中生活5年。它们是捕食性的，在身体两侧有着须状或者羽毛状的鳃。这些鳃能伸缩，以在含氧量较低的水中获取更多的氧气。钓鱼的人对这些昆虫的幼虫非常熟悉。这种又大又凶猛的幼虫又被称作"爬沙虫"，可以作为非常好的钓饵。【译者按：原文的俗名"hellgramite"字面意思无法翻译，此处用中文俗名"爬沙虫"代之】

成熟后，幼虫会爬出水域，在周围的土壤中化蛹。羽化成虫后，它们寿命较短，通常也不吃任何东西。大多数物种体形很大，比如一种北美洲的齿蛉翅展可达16 cm（6.5 in）。这个物种的神奇之处在于它们的雄性长着非常巨大、象牙一样的上额，用于与同性展开仪式性的争斗。许多其他物种的雄性也有类似但小得多的上颚。

北半球的北部地区是广翅目和蛇蛉目的重要分布地。蛇蛉的幼虫生活在陆地上，在树皮下面捕猎其他昆虫。雌性用细长的产卵器在树皮下产卵。蛇蛉在南半球数量很少，在澳大利亚则完全没有分布。

来自北美洲的**东部角齿蛉**Corydalus cornutus，体长7.5 cm（3 in）。它的"獠牙"虽然很大，但并不强壮，只能用作同性之间仪式性的争斗。

泥蛉的幼虫是水中的猎手，在身体两侧有7对细长的鳃。钓鱼人称它们为"爬沙虫"。

与一些北半球的物种不一样，这种来自澳大利亚的**齿蛉**没有"獠牙"，但个头儿也很大，体长10 cm（4 in）。和其他广翅目昆虫一样，它飞行缓慢而笨拙。

蛇蛉是欧洲和北美洲很常见的昆虫。它们的头部长在延长的脖子上，雌性腹部末端还有细长的产卵器，身形看起来真的像蛇一样。这是来自欧洲的**欧洲蛇蛉**Phaeostigma notata。

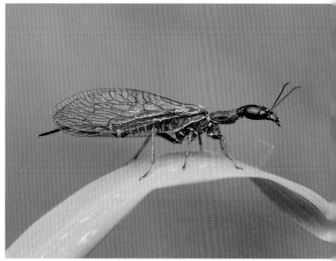

二十二、草蛉和蚁蛉

脉翅目Neuroptera

14科5 000种

脉翅目包含了许多常见的昆虫类群，比如蚁蛉、蝶角蛉和草蛉。这个目的拉丁学名"Neuroptera"字面上的意思就是"网状的翅"，说的就是它们宽大的翅膀上有网状的复杂翅脉。

脉翅目昆虫和广翅目的泥蛉和齿蛉，以及蛇蛉目的蛇蛉（前一章）近缘，这几个类群的昆虫是较早出现完全变态方式的昆虫——经历幼虫、蛹和成虫的发育阶段。

脉翅目中，最著名的成员可能就是**蚁蛉科Myrmeleontidae**的蚁蛉了，它们的幼虫生活在沙坑陷阱中，伏击路过并掉下去的蚂蚁。**草蛉科Chrysopidae**的草蛉和**褐蛉科Hemrerobiiodae**的褐蛉也是常见的种类。大多数物种都有趋光性。草蛉因为有一对呈金黄色的复眼，在英文中又被称作"golden eyes"，意为金色的眼睛。

脉翅目各科的幼虫大多都是捕食性的，大多自由生活，四处活动以寻找其他昆虫作为猎物。很多幼虫，比如草蛉幼虫，会将一些猎物的死尸粘在自己的身体上，移动时就像一团看起来完全不像一个生物的各种残渣。这很可能是为了迷惑捕食者，使得柔软而脆弱的幼虫得到保护。幼虫的口器是上、下颚复合的捕吸式口器，可以用来吸干猎物的体液。被吸干后，猎物的外壳很轻，才能被幼虫轻松地背在背上。有两个科的幼虫是近水而生的，它们是较小、具鳃，取食淡水海绵的**水蛉科Sisyridae**和半水生、没有鳃，大多数时候在水下捕猎摇蚊幼虫的**溪蛉科Osmylidae**。

一般而言，草蛉在热带地区比较常见。蚁蛉则特别能适应干燥的环境，在这些地方它们的幼虫才方便制作和维护沙坑陷阱。

不是所有的草蛉都在成虫阶段取食，不过有许多草蛉会像蜻蜓那样，在飞行的时候捕猎。脉翅目昆虫的捕猎习性，特别是一些草龄幼虫对昆虫比如蚜虫的偏好，使得它们成为农业和林业生产中人类的好朋友。

最后是一个趋同进化的例子。螳螂可不是最早演化出捕捉式前足的昆虫，螳螂虾就是一个先驱者。不过在脉翅目之中，也有类似的捕猎手段，这出现在**螳蛉科Mantispidae**中。**螳蛉**有着修长的脖子和活动灵活的头部，前足像螳螂一样是像铡刀一样的捕捉足。除此之外，它们身体其他部位的样子相对于螳螂更像草蛉。

草蛉科Chrysopidae的草蛉，它们基本上都是绿色、狭长的昆虫，经常有一对炫丽的复眼。比如这只来自澳大利亚的草蛉，其英文俗名"golden eyes"说的就是它金色的复眼。

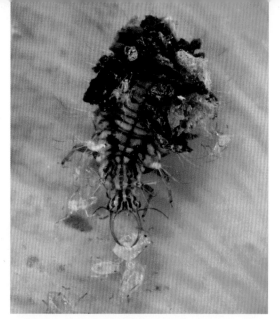

蝶角蛉的幼虫自由生活，长着十分骇人的大颚。这对大颚可以用来夹住并刺穿猎物、向其体内注射消化液，之后将猎物吸干。体长1 cm（0.4 in）。

草蛉科Chrysopidae的绿草蛉的幼虫身体狭长，它像注射器一样的口器可以夹持、注射和吸收。它们最喜欢捕猎蚜虫，是园子中受欢迎的益虫。它背上的一团东西是蚜虫被吸干后的死尸，用于隐蔽自己。

蝶角蛉属蝶角蛉科Ascalaphidae【原文有误，Osmylidae是溪蛉科】，有着巨大的复眼。它们在停歇时摆出这种特殊的姿势，腹部向着翅膀的反方向翘起。它们的幼虫都是陆生的捕食者（左上图）【原文有误】。

蚁蛉科Myrmeleontidae的蚁蛉由于其幼虫挖掘沙坑陷阱的习性而闻名。它们的幼虫又被称作"蚁狮"【译者按：这句为译者加，为方便读者理解】。蚁蛉的成虫一般有透明的翅膀，不过这个来自非洲的物种是一个美丽的例外成员。

细蛉科Nymphidae是一个小类群，其中一些十分美丽的物种的幼虫在落叶层中捕猎。这是来自澳大利亚的**澳洲细蛉**Nymphes myrmeleonides。

蚁蛉科Myrmeleontidae产于非洲的**须蚁蛉属**Palpares有超过60个物种。它们的翅展超过10 cm（4 in）。

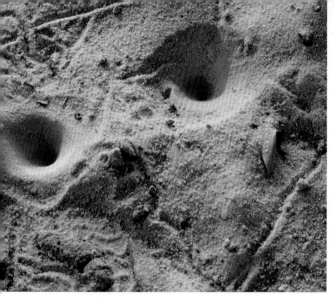

这些圆锥形的沙穴可能很常见，不过可能没有多少人见过生活在这里面的生物。蚁蛉科**Myrmeleontidae**的蚁蛉的幼虫，即蚁狮，将沙子向外扬出以制造这样一个不稳定的圆锥形沙穴。当蚂蚁掉下去时，就会落到在穴底等。

待着的**蚁狮**的大颚中间。它们需要非常干燥的沙子，时常生活在大石头或者房屋的下面。

和所有猎手一样，如螳螂和蜻蜓，蚁蛉的头部有着很大、视野开阔的眼睛，以及非常敏锐的视觉。

来自中欧山地的一对正在交配的**蝶角蛉**，这个物种像很多蝴蝶一样，被赐予了一个俗名"owly sulphur"，意为"猫头鹰一样的硫黄色飞虫"。它们有着大而明黄色的身体和像蜻蜓一样宽阔的翅膀，会在飞行中追捕猎物。它们的幼虫有着巨大的颚，也是捕食性的。这是**硫黄蝶角蛉***Libelloides coccajus*，体长2.5 cm（1 in）。

二十二、草蛉和蚁蛉　　137

对页上图：**旌蛉**喜欢生活在较干燥的区域，它们的幼虫在充满灰尘或沙砾的地方，以及突出的岩石下面捕猎。这是产自澳大利亚，炫目的**裂翅旌蛉属***Chasmoptera*物种。

对页下图：**螳蛉科Mantispidae**像螳螂一样的捕捉足是独立演化出来的。这种捕捉足也发挥着同样的功能，即出其不意地捕捉猎物，并用长满尖刺的边缘抓牢后者。**螳蛉**通常拥有乳白色的复眼，比如这个来自澳大利亚的物种。

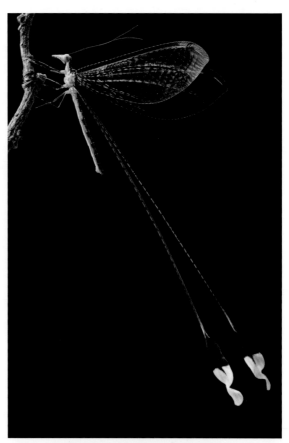

非洲是脉翅目昆虫演化的关键地区，这里有很多异乎寻常的物种。**旌蛉科Nemopteridae**的旌蛉非常美丽。这里展示的是来自莫桑比克的两个物种，**非洲旌蛉***Nemopistha contumax*【原文拉丁名拼错】（右上图）和**朗氏旌蛉***Nemeura longstaffi*（下图）。它们有着长长尾突的后翅可以用来散发信息素，长达6 cm（2.4 in）。

一种来自新几内亚，体色拟态胡蜂的**螳蛉科Mantispidae**的大型螳蛉。注意它长有尖刺、十分强壮的捕捉式前足。这是**拟蜂梯螳蛉***Euclimaciella nuchalis*，体长2.4 cm（1 in）。

来自乌干达，**螳蛉科Mantispidae**的一种螳蛉，体长1.5 cm（0.6 in）。全世界有超过400种螳蛉。

二十三、甲虫

鞘翅目Coleoptera

174科420 000种

从上面展示的数字可以得知，这是一个非常大的昆虫类群。世界上已经被描述的物种，几乎有三分之一是甲虫。甲虫基本的身体结构是全身有坚硬的外骨骼，前翅也变得特别坚硬、盖住用于飞行的后翅。甲虫拥有超过170个科，几乎没有什么生活方式是甲虫不能适应的。除了南极洲之外，植食性、肉食性、腐食性和寄生性的甲虫随处可见。

甲虫的身体很容易适应各种极端环境，因为它们坚硬的外骨骼可以保护自身免受物理伤害或者水分流失。世界上最为干燥的沙漠中，也意想不到地有甲虫在生活。甲虫的鞘翅将呼吸用的管道，即器官封闭起来，以减少水分流失。

步甲科Carabidae的步甲是一大类捕食者。大多数步甲都能在地面上快速爬行，在野外追捕猎物。这只长相有些吓人的**达氏步甲***Mecynognathus damelii*是澳大利亚最大的步甲，体长达到了6 cm（2.4 in）。

有很多科的甲虫反而适应了水生生活，用它们的鞘翅构造一个气室，来隔绝气管与水的直接接触。它们只需要偶尔将腹部末端伸出水面就可以在气室内装满新鲜的空气了。

甲虫身体大小的变化令人吃惊。一个极端，世界上最小的甲虫属于缨甲科Ptiliidae，其体长只有0.25 mm（0.02 in），它们的翅膀都变成了像羽毛一样。对于这么轻的小甲虫而言，扇动完整的翅膀可能要花费巨大的能量，而且还容易被风吹到晕头转向。另一个极端是几种甲虫在争夺世界第一大昆虫的称号。非洲的大王花金龟像一块方砖头一样，可达100 g，是最重的甲虫。这可是一般的小老鼠重量的4倍。大王花金龟体长7.5 cm（3 in）。不过世界上最长的甲虫，是长达20 cm（8 in），角和身体一样长的长戟巨犀金龟。

甲虫是完全变态昆虫，也就是说它们要经历幼虫、蛹和成虫的发育阶段。这意味着它们的幼虫时常有着与成虫完全不一样的生活方式和食性，这让一个物种对可得资源的利用更加全面。不过有的甲虫幼虫和成虫生活方式相同，尤其是在那些吃叶子的科中。

甲虫是一个如此容易被发现和识别的昆虫类群，以至于它们比其他的昆虫拥有更多的俗名，比如瓢虫、金龟子、叩头虫、步甲、虎甲、象甲、天牛、黄粉甲、屎壳郎，以及许许多多其他名字。有一个科，即象甲科，是这个特殊的目中最特殊的类群。世界上有超过60 000个已经被描述的象甲科物种，它们基本都是植食性的，生活在各种各样的环境中。有的象甲幼虫躲藏在植物内部，取食根、木质部和种子，成虫则拥有着标志性的"长鼻子"（喙）和坚硬的外骨骼，这些使它们成了适应性最强的动物之一。这本书只能提供对甲虫的非常简要的介绍，大致按照甲虫的演化顺序进行，从步甲开始到象甲结束。

顶部左图：**广肩步甲属** *Calosoma* 的成员是最容易识别的步甲了。这个属有超过200个物种，主要分布在北半球。这些夜行的猎手是捕杀毛虫的专家，比如这头来自美国的**巡逻广肩步甲** *Calosoma scrutator*，其英文名为"fiery searcher"，意为"暴躁的搜寻者"。顶部右图：来自非洲的一种小型步甲，它是胡蜂、甲虫、蜻三者之间相互拟态链条的中间一环。这是来自莫桑比克的**斑翅步甲** *Graphipterus* sp.，体长1.2 cm（0.5 in）。

右图：并不是所有的**步甲**都拥有可怕的巨大上颚。这个来自澳大利亚，长相精致的物种不在地面，而是在植物叶子上捕猎毛虫。体长1.2 cm（0.5 in）。

对页图：**步甲**的猎杀并不是什么赏心悦目的场景。这只来自澳大利亚的**黑色步甲** *Ametroglossus* sp.正在把一条蚯蚓咬得七零八落。体长2.2 cm（0.9 in）。

步甲科**Carabidae**中最大的属同时也是最美丽的属是**大步甲属**_Carabus_，有超过900个物种，分布于欧洲和亚洲，它们的大多数都十分惹眼。

哪怕大步甲都是黑色的，它们还是有着明亮金属色的边缘。有的物种又闪亮又光滑，比如这种来自欧洲的**耀大步甲**_Carabus splendens_（对页）。上图则是来自克里米亚地区的一种深蓝色**大步甲属**_Carabus_物种。

大多数步甲是夜间的猎手，善于捕杀蠕虫、蜗牛和毛虫。它们的个头变化很大，体长1.2~5 cm（0.5~2 in）。

这些甲虫经常会以各种方式进入人类的文化中，因为它们是过目而难忘的。许多来自欧洲和亚洲的物种被绘制在了邮票上。这里是几种来自匈牙利、白俄罗斯、波兰和俄罗斯的邮票。

Barbieri

右图：来自新几内亚至印度热带雨林的**条斑球胸虎甲 *Therates fasciata***拥有无可匹敌的强壮上颚，它在叶子上捕猎。

下图：虎甲在不同的分类系统中，有时是独立的一个科：**虎甲科 Cicindelidae**，有时又是**步甲科 Carabidae**（前文）下的**虎甲亚科 Cicindelinae**。【译者按：最早，虎甲是科，后来又变成亚科，如原文所述。但2020年的最新研究又将其独立成科，所以此处为了避免争议，用了"不同的分类系统"的叙述方法】虎甲都是捕食性昆虫，大多都有细长的足能够快速奔跑，还有弯刀一样的发达上颚。这是来自哥斯达黎加的一种**虎甲 *Pseudoxycheila tarsalis***。

这只浅色、足很长的虎甲适应了在燥热的海滩沙地上生活，它可以在其他飞虫起飞之前就追上去猎杀它们。这是来自东南亚的一种**长足虎甲*Cicindela* sp.**，体长1.4 cm（0.5 in）。

这是来自莫桑比克的**大王虎甲*Mantichora latipennis***，在它特别长的上颚之中，一只作为猎物的蝗虫几乎被一切为二。

这是来自马达加斯加中部草原地区的一对正在交配的**虎甲**。

东南亚的热带雨林是这种有着很大上颚的**球胸虎甲** *Therates* **sp.** 的家园，它在叶子上捕猎。体长1.8 cm（0.7 in）。

这是北美洲森林中常见的**六斑虎甲** *Cicindela sexguttata*。

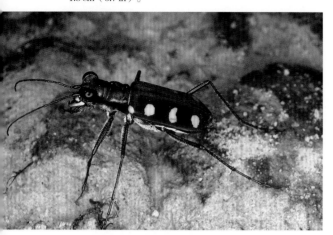

在东南亚多沙的荒野地区，**金斑虎甲** *Cicindela aurulenta* 是一个非常常见的物种。这是加里曼丹岛个体最大的有后翅虎甲，体长1.6 cm（0.6 in）。

这是一种来自泰国、长相细长而怪异的**树栖虎甲** *Neocollyris* **sp.**，体长1.8 cm（0.7 in）。

大王虎甲属*Mantichora*中那些失去了后翅、不会飞行的成员是世界上最大的**虎甲**。它们有非常巨大而又出人意料的强壮的上颚，主要在夜间捕食。上图所示是一头大王虎甲在吃一条被车辆压死的马陆的尸体。摄于南非，体长3.5 cm（1.3 in）。

虎甲身体大小的另一个极端属于这些来自加里曼丹岛长满苔藓的森林中，非常微小的猎手。体长0.6 cm（0.25 in）。

一对正在交配的产自非洲、性情凶猛的**环纹蚁步甲***Anthia circumscripta*。这个属中很多物种都是大型的猎手。体长3 cm（1.2 in）。

青步甲属*Chlaenius*的步甲又被称作"投弹手甲虫"，它们是自然界中最为神奇的化学工厂。在青步甲的腹部末端，两种不同的化学物质被分别储存在两个腔中，当感觉到威胁时，青步甲会将这两种物质混合，像爆炸一样喷出高温（超过沸点）、腐蚀性、喷雾一样的液体。如果这还没有达到效果，它还会将喷射液体的器官调转到任意方向，包括身体正前方，对着攻击者喷射。这是来自莫桑比克的一种青步甲，该属的其他物种在世界各地都可以见到。体长1.5 cm（0.6 in）。

有7个科的甲虫是水生的。物种最多的是**龙虱科Dytiscidae**，龙虱无论是幼虫还是成虫都在水中捕猎。龙虱成虫在鞘翅下方储存空气以供长时间潜水所用，它们借助多毛的桨状后足以快速游泳。图中这个来自**龙虱属***Cybister*的物种体长3.5 cm（1.4 in），因会咬把脚趾伸入池塘的人，在当地被称为"咬脚趾虫"。

棒角甲属于步甲科的**棒角甲亚科Paussinae**，它们是一类具有宽扁的触角、和蚂蚁生活在一起的奇怪甲虫。棒角甲的成虫和幼虫都能分泌出一种模拟蚂蚁信息素的气味物质，使得蚂蚁对它们很友好，然而它们却偷偷吃掉蚂蚁的卵和幼虫。除了拥有欺骗性的气味腺体之外，它们也能像青步甲（上页）那样，喷射出滚烫的液体以保护自己。成虫会离开蚂蚁的巢穴寻找伴侣。这是来自莫桑比克的一种**多裂棒角甲***Cerapterus laceratus*，体长1.5 cm（0.6 in）【原文拉丁名错误】。

一只**龙虱**幼虫浮到水表面，通过尾部的吸管呼吸空气。它们是凶猛的猎手，在水中捕猎水生昆虫和蝌蚪。体长2.5 cm（1 in）。

水龟甲科Hydrophilidae的水龟甲大多是植食性或者腐食性昆虫。它们的呼吸方式，是用腹面的细毛将空气储存起来缓慢利用。这种呼吸方式被称为"气盾呼吸"，特点是身体表面有像水银一样的气体层。体长1.6 cm（0.6 in）。

豉甲科Gyrinidae的豉甲时常在水面上来回旋转。它们在水面上的动作能够激起水面的波纹，像雷达信号一样，告诉它们猎物和敌人的方位。令人吃惊的是，它们具有4只分离的复眼——下面的两只用来在水中往下看，上面两个则暴露在空气中。它们在取食掉落到水表面的昆虫，以及一些沉到水底的其他生物。潜水的时候，它们也会在身体下方或者鞘翅后端携带气泡。

阁甲科Histeridae的阁甲是小小、圆圆的甲虫，一般在牛粪、尸体、哺乳动物巢穴，甚至蚂蚁和白蚁的巢穴中过着隐秘的生活。大多数阁甲体色暗淡，不过**腐阁甲属Saprinus**的一些物种有着漂亮的金属光泽。

窃蠹科Anobiidae中有很多成员是储藏害虫，许多物种已经传播到了世界各地。大多数窃蠹科的甲虫都有着"典型"甲虫的外貌，不过**蛛甲**长得就很怪异。这是来自美洲的**亮蛛甲Mezium affine**，体长只有0.3 cm（0.1 in）。

每一种甲虫在自然界中都有其独特的生态位。**葬甲科Silphidae**的**葬甲**会在死掉的动物下面挖洞，将其掩埋起来，之后在尸体上产卵。像蝇蛆一样，葬甲的成虫和幼虫能够将尸体消化、分解。

并不是所有**葬甲科Silphidae**的葬甲都会掩埋动物尸体。这种来自欧洲的**四斑树葬甲Xylodrepa quadripunctata**就是一种毛虫捕食者。体长2 cm（0.8 in）。

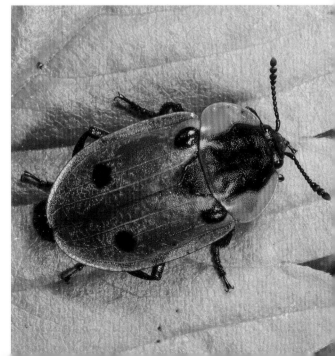

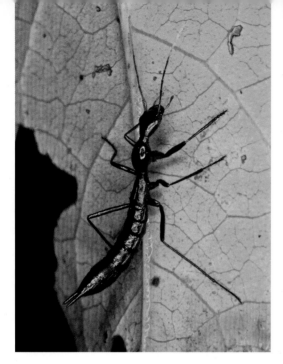

这种来自新几内亚，瘦长而又闪耀的隐翅甲在树叶上捕猎软体昆虫。

隐翅甲科Staphylinidae隐翅甲是一个非常大的家族。它们一般都比较瘦长，鞘翅非常短，用于飞行的后翅折叠并藏在其下。大多数是捕食性或杂食性的。图中这只隐翅甲正在取食一个鸟翼凤蝶的蛹里面的寄生虫。

虽然这头来自北美洲的隐翅甲看起来凶神恶煞，它其实是吃菌类的，而不是一名猎手。这是**红翅巨须隐翅甲***Oxyporus rufipennis*。体长1.2 cm（0.5 in）。

一只被路杀的老鼠体内的戏剧性场景。苍蝇最先飞来，它们的后代——蝇蛆开始取食尸体，不过一段时间后，**隐翅甲**等捕食蝇蛆的昆虫逐渐加入这场疯狂的野餐。这头隐翅甲体长0.8 cm（0.3 in）。

金龟科**Scarabaeidae**是全世界最为著名的甲虫类群了。它包含了各种花金龟、屎壳郎、犀金龟等甲虫。这个科中有12个形态迥异的亚科，以及超过27 000个已被描述的物种。接下来的几页将介绍最普通的金龟和最怪异的金龟，下面就从世界上最大的甲虫开始吧。

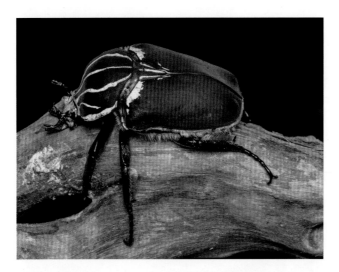

来自非洲赤道地区的**歌利亚大角花金龟** *Goliathus goliatus*，是官方认证的世界上最大的甲虫——不是最长的，但是最粗壮的。它的身体从头到尾总长11 cm（4.3 in），再加上非常粗壮的身体，重量可达60 g。它的幼虫重量可达成虫的2倍。这种甲虫属于**花金龟亚科Cetoniidae**。

这是来自象牙海岸的**银背大角花金龟** *Goliathus cacicus*。它比歌利亚大角花金龟要小一些，不过若是把它放在人的手上以作参照，我们可以体会一下这类甲虫惊人的大小。

这是来自赞比亚的**碎纹大角花金龟**Goliathus meleagris，体长7.5 cm（3 in）。各种大角花金龟喜欢造访森林树木的花，比如棕榈花，很少来到地面上。它们的幼虫在腐朽的木头中生活。

对页图：最为漂亮的大型**花金龟**之一，来自非洲热带地区森林的**波吕斐摩斯角花金龟**Mecynorhina polyphemus。体长6.5 cm（2.6 in）。

在非洲，**花金龟**又被称作**果金龟**，因为它们除了造访花朵之外，还会被甜甜的水果发酵后的气味所吸引。这是来自南非的**血红花金龟***Leucocelis haemorrhoidalis*。

在澳大利亚，**小提琴花金龟***Eupoecilia australasiae*因其后背上特殊的花纹而得名。在春天，大量这种**金龟**会一起造访花朵。

花金龟时常会有金属光泽，比如这种来自新几内亚的**一种花金龟***Ischiopsopha* **sp.**。体长2.8 cm（1.1 in）。

有些来自欧洲的**花金龟**长得十分可爱，比如这只长着红色绒毛的**宽带斑金龟***Trichius zonatus*。

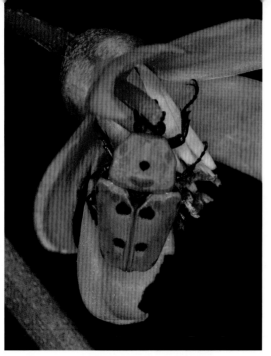

这是一种来自马达加斯加东部雨林的**花金龟**。

这是一种来自澳大利亚的**花金龟***Trichaulax macleayi*，它背上长有长毛的深沟非常明显。

在澳大利亚**多斑花金龟***Polustigma punctata*是造访桉树花的常客。

世界上最大甲虫的名号被花金龟夺得，而最长的甲虫则归于**犀金龟亚科Dynastinae**。这是来自中美洲和南美洲的**长戟犀金龟*Dynastes hercules***，其体长可达17 cm（6.8 in）。它们背上的大角只有雄性有，用于进行同性之间仪式性的争斗；雌性则没有这样的角。

一种来自莫桑比克的未鉴定**花金龟**。它的身体完美展现了彩虹的多种色彩。体长1.5 cm（0.6 in）。

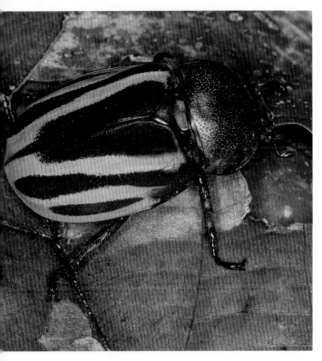

雌性的**犀金龟**没有雄性那样的长角。这是一个来自新几内亚高地的物种。

新几内亚的高地也是一些长有3根角的雄性**尤犀金龟** *Eupatorys sp.*的家园。体长7 cm（2.8 in）。

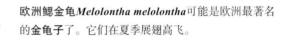

长有3根角的**阿特拉斯南洋犀金龟** *Chalcosoma atlas*，又称南洋大兜虫，是东南亚最大的甲虫之一，体长可达12 cm（4.8 in）。

欧洲鳃金龟 *Melolontha melolontha*可能是欧洲最著名的金龟子了。它们在夏季展翅高飞。

一种来自马来西亚的小型鳃金龟，身上是斑驳的金色和银色。体长0.8 cm（0.3 in）。

金龟子中的**鳃金龟**有着如图所示非常发达的鳃叶状触角。这是来自泰国的一个物种。

上图：一种来自纳米比亚的**单爪鳃金龟**，英文称其为"monkey beetle"，意为"猴子甲虫"。体长1 cm（0.4 in）。

左图：与那些个头巨大、时常棕色的鳃金龟相比，有些鳃金龟体形很小，颜色闪亮，在花上生活。图示为来自澳大利亚的一种**鳃金龟***Diphycephala* sp.，体长0.8 cm（0.3 in）。

在非洲，尤其是非洲大陆的南部地区，大量的野花吸引着无数传粉者。鳃金龟亚科Melolonthinae中的单爪鳃金龟有上千个物种【原文有误，"monkey beetles"属鳃金龟，而不是丽金龟科Rutelinae】，它们时常比蜜蜂的传粉效率还高。它们的雄性有粗壮的后足和爪。在夜间，许多单爪鳃金龟会钻到花朵里以寻求保护。本页图来自南非的一些例子。大多数单爪鳃金龟只有1 cm（0.4 in）长。

在南非的花海中，成千上万为花朵传粉的**单爪鳃金龟**之一。体长0.8 cm（0.3 in）。

长臂金龟亚科**Euchirinae**的**长臂金龟**的雄性有着非常长的前足，使得它们在运动时显得笨手笨脚。所有的长臂金龟物种都十分珍稀。这是来自泰国的**麦氏长臂金龟***Cheirotonus macleayi*，它喜欢吸食发酵的棕榈树汁液。体长6 cm（2.4 in）。

金色在昆虫中是不大常见的颜色，不过在**丽金龟亚科Rutelinae**中，一些物种分别在两个大陆上演化出了金色。左图是来自澳大利亚的一种**澳洲丽金龟***Anoplognathus aureus*，右图是另一种来自南美洲的**南美丽金龟***Chrysina aurigans*。它们这种近乎乱真的耀眼金色，是由外壳上多达70层的几丁质层反射而产生的。

本书介绍的最后一个金龟子亚科，是**金龟亚科Scarabaeinae**，这里面包含了常见的**蜣螂**，即屎壳郎。它们是自然界生态系统中低调的重要角色。它们将大多数食草动物和一些鸟类的粪便埋到土壤里并消化分解，既能为土壤施肥，又能减少令人生厌的苍蝇的数量。在澳大利亚，它们被引入处理牛等家养草食动物的粪便，它们同时也是神话故事的主角，在古埃及，人们认为推动粪球滚动的蜣螂是推动世界的力量的化身。

　　最大的蜣螂是**象粪蜣螂**。这么大一个粪球需要花费很大的力气来搬运和掩埋。**阿多缺翅蜣螂***Circellium bacchus*体长可达5 cm（2 in），它们要花费一整天的时间来搓出圆滚滚的粪球，再将其推到别的地方埋藏起来。雄性是劳动的主力，雌性一般跟在旁边而不提供帮助。在准备埋粪的地点，它们交配，然后雌性在粪球上产卵，卵就在这团丰富的素食大餐中发育。这些甲虫在生态系统中是很重要的分解者，它们在非洲的国家公园道路上畅行无阻，然而并不是所有的司机都意识到这一点，因此在路上经常能看到被压扁的尸体。

哺乳动物的粪便并不是所有**蜣螂**都喜欢的。这种来自厄瓜多尔，体长0.5 cm（0.2 in）的小型蜣螂就在享用新鲜的鸟粪。

并不是所有的**屎壳郎**都生活在遥远的非洲大陆。这是蜣螂的近缘科，**粪金龟科Geotrupidae**中的欧洲粪金龟**Geotrupes vernalis**，是欧洲常见的物种。温暖的季节，它们在羊或其他动物的粪便下面忙碌地挖洞。

来自莫桑比克戈龙戈萨国家公园的4个不同的**蜣螂**物种，它们在食草动物的粪便中数量非常大。左上图：**铜绿蜣螂 Garreta nitens**；右上图：一对浑身是粪便的小型蜣螂正在合作以搬动粪球；左下图：**凯布利蜣螂Kheper sp.**，它有着铲子一样伸展、用于挖掘的头部；右下图：**长角嗡蜣螂Proagoderus tersidorsis**。

锹甲科**Lucanidae**的锹甲一直都是一类令人惊叹的甲虫。在那些热带的神奇物种被发现之前，欧洲的人们就认识了一些本土的巨大锹甲物种。在这些锹甲的雄性之间，通过巨大的上颚不断上演着仪式性的争斗。这种巨大的上颚是雄性独有的，并不用来咬食物，而是用于打败竞争对手。

来自澳大利亚东北部的**彩虹锹甲**_Phalacrognathus muelleri_是锹甲家族中最美丽的成员之一。一张图片无法完全展现它的炫目多姿，如果一只彩虹锹甲在光线下移动，我们就能看到它身体上令人困惑的多层虹彩。这只雄性彩虹锹甲体长约7.5 cm（3 in）。过去，收藏家为了获得这个珍稀物种的标本要付出不菲的资金，不过幸运的是，它现在已经有了市场化的人工繁殖群体。

这是来自澳大利亚和新几内亚的**托伦斯锯锹甲***Prosopocoilus torrensis*。它的体长比来自加里曼丹岛的同属物种稍短，达到3.5 cm（1.4 in），上颚也要弱小一些。

来自加里曼丹岛的**莫氏锯锹甲***Prosopocoilus mohnikei*是东南亚的大型棕色锹甲家族的成员之一。这只雄性体长6 cm（2.4 in）。

这是一只格外珍稀的蓝色的**彩虹锹甲***Phalacrognathus muelleri*。这种色型极其稀少，这里展示的是一只来自博物馆的标本。

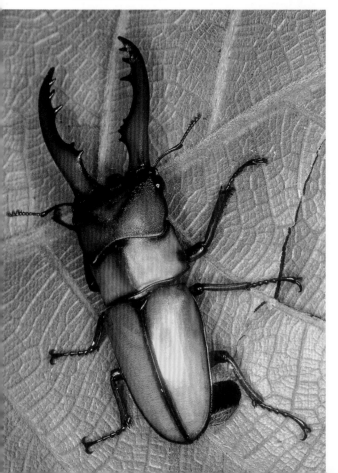

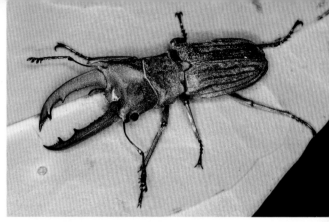

本书展示了世界各地各种各样的昆虫物种，而这种**澳洲大角锹甲***Lissapterus pelorides*可以说是**锹甲科Lucanidae**最典型的例子了。产自澳大利亚，体长2.5 cm（1 in）。

细身赤锹甲属*Cyclommatus*是东南亚**锹甲**的一个大属。大多数物种都有着闪亮的金属光泽，不过这个来自加里曼丹岛的物种则是棕黑色的。体长6 cm（2.4 in）。

欧洲深山锹甲*Lucanus cervus*可以说是世界上最著名的**锹甲**之一了。它同时也是欧洲最大的甲虫，生活在有很多老橡树的森林中。它们的雄性用强壮而令人生畏的鹿角状上颚与同性打斗，以争夺与雌性交配的优先权。如图所示，这种锹甲的力量不仅体现在它们能将对手高高举起，还可以在树的高处只靠两对足做到这样的动作【译者按：原文说"两条腿"，而图中显然是两对】。

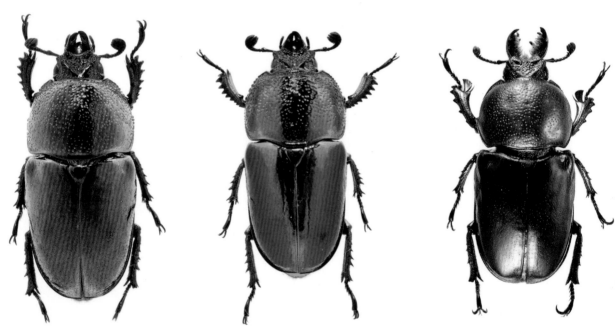

金锹甲属*Lamprima*中有很多大小各异、色彩斑斓的美丽锹甲。上图：来自印度尼西亚的印尼金锹*Lamprima adolphinae*，体长3.5 cm（1.4 in）。大多数的金锹甲属*Lamprima*物种都有"标准"的金属绿色，不过上图所示的一些博物馆收藏的标本展现出了这个类群色彩变化的极致。从左到右：雌性澳洲金锹甲*Lamprima aurata*、雌性拉氏澳洲金锹甲*Lamprima latreillii*、雄性多色澳洲金锹甲*Lamprima varians*。它们都来自澳大利亚，体长约2 cm（0.8 in）。

属**吉丁科Buprestidae**的吉丁是一类非常引人注目、在历史上就被人们采集的甲虫。全世界大约有15 000种吉丁，它们时常在温暖的季节访问花朵。它们的体长0.2~8 cm（0.08~3.15 in）。这里是吉丁宝库中的一些代表。

来自澳大利亚的**端斑吉丁***Metaxymorpha gloriosa*，体长5 cm（2 in）。

来自澳大利亚的**金翅吉丁***Selagis (Curis) caloptera*是桉树花上个头较小的闪亮访问者。体长1 cm（0.4 in）。

来自澳大利亚的一对**吉丁***Curis* **sp.**在它们的寄主植物**金合欢***Acacia* **sp.**上交配。体长1.4 cm（0.4 in）。

一种来自新几内亚的绿色吉丁，体长4 cm（1.6 in）。

秘鲁硕吉丁*Enchroma gigantea*是最大的**吉丁**。它来自中美洲和南美洲，在刚刚羽化时身体表面覆盖着一层带黄色光泽的粉末，之后会逐渐掉落。体长8 cm（3.2 in）。

合欢吉丁*Chrysochroa fulminans*所在的属中有很多广泛分布于东南亚地区。体长5 cm（2 in）。

来自澳大利亚的**白翅吉丁**_Castiarina letuipennis_，体长 1.8 cm（0.7 in）。它非常特殊，因为白色在昆虫世界中并不多见。

一些来自非洲的**吉丁**身体又宽又扁，比如这个来自马达加斯加、体长 2.5 cm（1 in）的物种。

这种**异色吉丁**_Temognatha variabilis_是澳大利亚访问花朵的大量吉丁中的典型代表。体长 3 cm（1.2 in）。

这种个头不大的**田园卡吉丁**_Castiarina bucolica_来自时常开满鲜花的澳大利亚西海岸。体长 0.8 cm（0.3 in）。

卡吉丁属_Castiarina_的另一种吉丁。这个属在整个澳大利亚有几百个物种。体长 1.4 cm（0.6 in）。

这种与众不同**木纹吉丁**_Nascio simillima_身体上有着木头一样的花斑和纹理，和整个科大多数光亮的成员不一样。来自澳大利亚，体长 1.5 cm（0.6 in）。

关于这种产自澳大利亚，体长达6 cm（2.4 in）的**桑德斯吉丁***Julodimorpha saundersii*【原文拉丁名错误】，有着一个怪诞的故事。在澳大利亚的路边，被丢弃的啤酒瓶在雄性吉丁的眼里，和雌性长得很像，雄性吉丁会试图与啤酒瓶交配。这种现象引起了桑德斯吉丁种群数量的大幅下跌，直到政府出资回收这些废瓶。

澳大利亚有超过700种桉树，它们在开花的时候是各种昆虫理想的食物来源。图中，一头**布鲁克吉丁***Temognatha bruckii*正在这些新鲜开放的花朵中吸食花蜜。

这种来自澳大利亚西部野花带的未鉴定吉丁展现着吉丁科炫丽多姿的斑纹。体长2 cm（0.8 in）。

瓢虫科**Coccinellidae**的瓢虫非常容易识别，它们是非常受园丁欢迎的昆虫。大多数瓢虫的幼虫和成虫都是蚜虫、介壳虫、螨虫和其他园林害虫的捕食者。然而，在这个超过6 000种的大类群中，还有一些物种是专门取食作物的叶子的。

瓢虫幼虫的典型相貌如图所示，它们是一些足很长、身体表面像有一层丝绒一样的小怪物。这些幼虫喜欢吞食蚜虫。

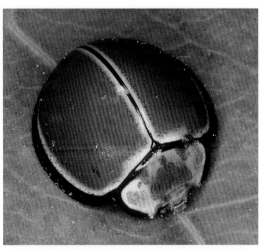

不是所有的瓢虫都有斑点。这种颜色均一的**拟内达瓢虫Antineda princeps**来自澳大利亚的热带地区。体长1 cm（0.4 in）。

大斑瓢虫Harmonia conformis是澳大利亚最常见的瓢虫，它们喜欢捕猎一些害虫，因此被引入新西兰来保护那里的农作物。

七星瓢虫Coccinella septempunctata是欧亚大陆最常见的瓢虫了。这张照片摄于波兰。蚜虫是它们的主要捕食对象，因此七星瓢虫被引入北美洲来防治这些害虫。

对鲜艳红色的全新诠释——这是一种来自马达加斯加稀树草原十分醒目的**瓢虫**。

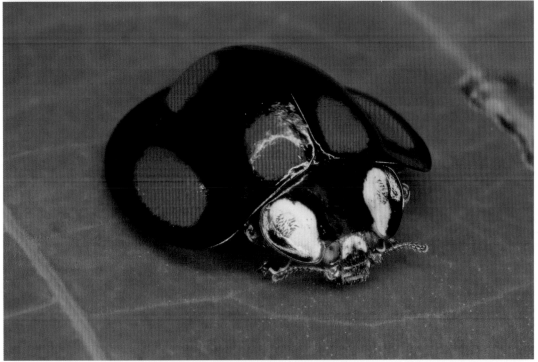

新几内亚因为有很多充满异域风格的昆虫而著名，这里面包括了**澳瓢虫属**_Australoneda_的一些瓢虫。这类瓢虫体长达1.5 cm（0.6 in），长着大块的色斑，在鞘翅上还有超出身体的折边。

许多深海生物能发出荧光，有一些森林中的真菌也会在夜晚发出荧光。在昆虫中，有一些蕈蚊的幼虫和3个科的甲虫演化出了通过混合一些化学物质而发出蓝绿色冷光的本领。这其中的大多数，超过2 000个物种都属于世界性分布的**萤科Lampyridae**。有一些分布于美洲和亚洲【原文有误，亚洲也有的，因此加入"亚洲"】的**光萤科Phengodidae**物种，以及一些**叩甲科Elateridae**的成员也有发光器官。

一种来自厄瓜多尔的典型**萤火虫**。因为需要通过雄性展示的"灯光秀"来寻找对象，这些萤火虫都长着非常大、适应夜视的复眼。雄性在腹部的末端有两节发光器官（上图），而雌性一般只有一节。通常，雄性在空中飞行，发出闪光，而雌性则保持不动。**萤科Lampyridae**的一些物种的雌性成熟后不变成甲虫，而是保持在两性昆虫都要经历的幼虫阶段。

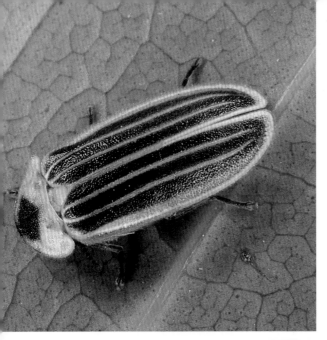

这只来自澳大利亚的**萤火虫*Atephylla* sp.**从背面看去就像任何一只其他的甲虫一样，但从腹面就能看到它们非常明显的发光器官。体长1 cm（0.4 in）。

在美洲，黄褐色和粉色的组合在捕食者看来时常意味着这种昆虫是有毒的，不能吃。**萤火虫**也经常采用这种颜色组合，不过有的物种只是在拟态有毒的物种，自身并没有毒性。注意这只来自哥斯达黎加的幼虫也有类似的颜色。

甲虫中，**雌光萤科Phengodidae**的雌光萤虽然不是最亮的，却是发光器官最多的。与其他一闪一闪地发光的萤火虫相比，雌光萤幼虫的很多发光器官是长亮的。雌光萤雌性成熟后仍然保持着幼虫的形态，而雄性则成为不能发光、会飞的甲虫。该科只有100多个物种，分布于美洲和亚洲【原文显然有误，中国都有，加上了"亚洲"】。

世界上最大的**萤火虫**是产自东南亚的**扁萤属** *Lamprigera* 的成员。成虫体长可达11 cm（4.4 in），在雨林的地表捕食蜗牛。雌性成熟后也保持着幼虫的形态，会飞的雄性甲虫四处寻找它们。

大花蚤科Rhipiphoridae的甲虫身体呈船形，触角鳃叶状。它们因为幼虫期的寄生习性，即爬到蜜蜂身上，然后入侵蜜蜂幼虫的巢室而闻名。

叩甲科**Elateridae**的叩甲是一个种类不多却值得提及的甲虫类群。它们在胸部和腹部之间有着一个弹跳装置，六脚朝天时，这个装置会储存能量，然后在"哒"的一声中将自己弹起并翻回身体。这种动作也是一种防御行为，特别是在叩甲被捕食者翻过来时，能起到惊吓捕食者的作用。

这种**叩甲**有将自己完美地融入树皮的能力，但图中颜色差异巨大的背景环境显然不合适。**锻叩甲属***Paracalais*是一个大属，其中很多个头巨大的物种分布于东南亚和澳大利亚。体长3 cm（1.2 in）。

一些最为鲜亮的**叩甲**物种发现于欧洲，而不是遥远的热带地区。这种**血红叩甲***Ampedus sanguineus*生活在云杉森林中。体长1.5 cm（0.6 in）。

大多数的**叩甲**都是棕色的，有的有着锯齿状触角（上图所示）。它们因为"叩头"动作的需要，在胸部和腹部之间有着明显的空隙，以方便运动。这是来自澳大利亚的一种**叩甲***Megapenthes* **sp.**，体长1.8 cm（0.7 in）。

来自哥斯达黎加的**彩叩甲属***Semiotus*中有很多体色艳丽、在白天活动的**叩甲**。体长1.8 cm（0.7 in）。

一种具有金属光泽的**郭公虫**，属**艾勒郭公虫属**
Eleale。郭公虫成虫的大部分时间都在花朵上度过。

郭公虫科Cleridae体形修长，时常有金属色的光泽、明
亮的色彩，以及末端膨大的短触角。大多数郭公虫捕
食木材中的害虫，因而对人类有益。这是一种来自澳
大利亚的**郭公虫***Eleale* **sp.**，体长1.5 cm（0.6 in）。

与其他地方的昆虫相比，非洲的昆虫时常有一些出乎
意料的色彩。这种来自非洲南部沙漠的**郭公虫**有着非
常艳丽夺目的花纹。体长0.8 cm（0.3 in）。

羽角甲科Rhipiceridae的羽角甲是一个小类群，有着
非常夸张的鳃叶状触角。这是一种来自澳大利亚的**羽
角甲***Rhipicera* **sp.**，体长2 cm（0.8 in）。

下面的4幅小图中，顺时针从左上角开始，分别是**织蛾科Oecophoridae**的一种织蛾，两种**吉丁科Bprestidae**的吉丁，以及**芫菁科Meloidae**的一种红翅芫菁【原文鉴定错误，"Oedemeridae"是拟天牛科】。

全世界的**红萤科Lycidae**物种长得基本都与图中这头红萤（上图）差不多，体色为砖红色和黑色的颜色相间。大多数长成这样的昆虫都是有毒、不能吃的，因此很多甲虫以及其他昆虫演化出了这种颜色搭配，可以从中得到一些保护。

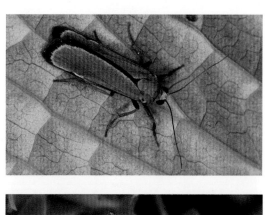

在新几内亚的高地有很多暗金属色的**红萤**物种。它们很可能也是有毒的，比如图中的这头红萤。体长 1.2 cm（0.5 in）。

在斯里兰卡，很多**红萤**有着如图所示非常发达、锯齿状的触角。触角上更大的表面积意味着它们对雌性散发出的激素有更高的敏感度。

拟花蚤科Melyridae中包含着一些各种各样的鲜亮甲虫。这是一种产自澳大利亚，时常被发现于花朵上的**拟花蚤Dicronalaius sp.**，它们既在这里捕食，又为花朵传粉。

这种奇形怪状的生物其实是**红萤**的雌性幼态，产自马来西亚的**三叶虫红萤属***Platerodrilus*的物种。它的幼虫长得与图中相似，但在最后一次蜕皮、变为成虫后，雌性不会转换成甲虫的身体构造。它们体长3.5 cm（1.4 in），在潮湿的朽木中取食各种微小生物。

一种来自泰国的深红色**红萤**。这张照片记录了它起飞的瞬间，展现了一般甲虫身体的特化：前翅变硬，称作"鞘翅"；后翅较软，用于飞行，像折纸一样折叠在鞘翅的下方。

这是**拟花蚤科Melyridae**中的一种，来自澳大利亚，取食花粉的**拟花蚤***Balanophorus mastersi*。体长1 cm（0.4 in）。

拟花蚤科Melyridae有一些甲虫的鞘翅只有腹部的一半长，而宽大的后翅完全折叠在了鞘翅的下方。这个有着金属光泽的物种产于新几内亚。体长1.2 cm（0.5 in）。

大蕈甲科**Erotylidae**的**大蕈甲**。这个产自哥斯达黎加的物种生活在非常潮湿的高地云雾森林中。体长1 cm（0.4 in）。

一种不同寻常的红色**大蕈甲**，属大蕈甲科**Erotylidae**，产自马达加斯加东部。体长1.4 cm（0.5 in）。

很多个科的数千种甲虫都是专门吃真菌的。这里展示的是一种产自哥斯达黎加的**大蕈甲科Erotylidae**甲虫在取食檐状菌。

伪瓢虫科Endomychidae的伪瓢虫有着非常独特的幼虫，它们在马达加斯加热带雨林中取食真菌。与之对应的成虫见下一页右上图。

厄瓜多尔的森林中最醒目的一种**大蕈甲***Erotylus* **sp.**，属**大蕈甲科Erotylidae**。体长2 cm（0.8 in）。

伪瓢虫科Endomychidae的**伪拟瓢虫**身体圆形，在鞘翅两侧有宽扁的折边。它们的幼虫（上一页右下图）长相十分怪异。体长1.2 cm（0.5 in）。

在吃菌的甲虫中，最后一个同样重要的类群是**拟叩甲科Languriidae**的**拟叩甲**。它们身体光亮、细长，时常有明显的斑纹，比如这一对来自澳大利亚的**阿氏拟叩甲***Anadastus albertsi*。体长1.4 cm（0.5 in）。

南美洲的森林非常湿润，真菌就是这里的帝王，成千上万的昆虫靠它们为生。**大蕈甲科Erotylidae**有很多美丽的甲虫，比如这种**弓背大蕈甲属*Gibbifer***的大蕈甲。体长1.5 cm（0.6 in）。

芫菁科Meloidae的芫菁包含了很多绚丽多彩的有趣物种。这些甲虫有一个俗称是"西班牙飞虫"，它们剧毒的提取物被用来当作毒药，在欧洲的皇室之中实行暗杀。它们分泌出油脂一样的液体中含有一种叫作斑蝥素的化学物质，能够引起严重的皮疹，因此它们又被称作"水泡甲虫"。它们身体上醒目的斑纹发挥着警示捕食者的作用。非洲有非常多的芫菁物种。

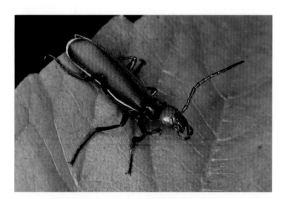

与大多数的**芫菁**一样，这种**豆芫菁属*Epicauta***的芫菁身体的配色鲜明，能够警告捕食者，它是有毒、不能吃的。这只来自泰国的芫菁成虫取食叶片，但它的幼虫则吃掉蝗虫在隐蔽的地方产下的卵。体长2.4 cm（1 in）。

紫地胆芫菁*Meloe violaceus*是欧洲最常见的芫菁物种。它们的成虫没有后翅不会飞，在花上取食花粉并在这里产下数千枚卵。这些卵随后孵化出寄生性的幼虫，幼虫的目标是当地的蜜蜂。被蜜蜂携带回蜂巢后，它们吃掉蜜蜂的卵和为幼虫储存的粮食。体长3 cm（1.2 in）。

非洲南部有花植物的极致多样性，使得很多科的甲虫在这里的繁茂程度超越了其他大陆。图中是在这里数量很大的一种**芫菁*Ceroctis* sp.**。体长1.5 cm（0.6 in）。

这头体色暗淡的甲虫虽然没有明显的警示斑纹，但也属于芫菁，而且还是碰了就能引起水泡的一种。这是来自莫桑比克的一种**豆芫菁**Epicauta sp.，体长1.2 cm（0.5 in）。

这是产自非洲的大型芫菁中的**大眼斑芫菁**Mylabris oculata，时常活动于早春的花朵上。体长2.6 cm（1 in）。

拟天牛科Oedemeridae与芫菁科相近缘，其中的成员经常有彩色的花斑，不过几乎都没有毒性。这是来自欧洲的**粗腿拟天牛**Oedemera femorata，体长1.8 cm（0.7 in）。

注意这只蜜蜂的腿上，趴着一头寄生性的**芫菁**幼虫。它正准备随着蜜蜂入侵蜂巢。

纳塔尔芫菁_Lytta nuttalli_可能是最炫彩的北美甲虫了。不过它同时也是一种害虫，因为它取食油菜籽，如果不小心触摸到还会引发水泡。

拟步甲科**Tenebrionidae**是一个在全世界有超过20 000个种、变化多端的大家族。这其中的成员有很多很多俗称。大多数拟步甲体色暗黑，基本上都是夜行性的，活动于朽木、碎屑和真菌周围。有的则是在白天访问花朵的炫目甲虫，有的又是储藏害虫。还有很多拟步甲生活在沙漠中，能够忍受极端干燥、一生中几乎遇不到任何降水的环境。非洲西南部的纳米布沙漠是这些非常耐旱的甲虫的一个热点地区。下面的这张图展示了这些甲虫典型的外貌和生活的环境。

白色是昆虫中比较少见的颜色。即便在炎热的沙漠地表，这也是绝佳的生存策略，但在纳米布沙漠中，这种**白翅拟步甲***Cauricara eburnea*只是少数的白色甲虫之一。它细长的足能将身体撑起来，离开炽热的沙子。体长1.4 cm（0.5 in）。

这种**沙漠扁拟步甲**_Onymacris plana_是在纳米布沙漠中最扁的甲虫。细长的足将身体举起以离开炽热的沙子，它们扁平的身体也适应于快速钻进凉爽的深层沙子中。体宽2 cm（0.8 in）。

这种身体光滑的**拟步甲**_Calosis amabilis_也产自纳米布沙漠，它不仅跑得快，钻洞也很快。体长1.8 cm（0.6 in）。

这种**挖槽拟步甲***Lepidochora discoidalis*完美地展现了纳米布沙漠甲虫是如何高超地适应环境的。它光滑的身体可以在白天的沙海中自由穿行并寻找各种残渣以食用。纳米布沙漠几乎没有降雨，但当来自大西洋的湿冷空气遇上炽热的沙子后，会在夜晚形成向着内陆地区翻滚的雾气。这些**挖槽拟步甲**属*Lepidochora*的甲虫就会在沙丘顶部，对着大海的方向挖出一个槽（左下图），然后饮用在沙槽边缘上凝结的露水。体长1.4 cm（0.5 in）。

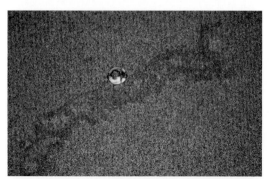

这种**倒立拟步甲***Onymacris unguicularis*是另一种会收集并饮用露水的纳米布沙漠甲虫。它在夜晚倒立在沙丘的顶部，将身体后方举起，然后饮用在它身上凝结并向口器流下去的露水。体长2 cm（0.8 in）。

这种**盾形拟步甲***Cardiosis fairmairei*也是一个光滑的拟步甲物种，它在白天沙丘中自由滑行。当地的居民会模仿它的斑纹制作一些物品。体长1 cm（0.4 in）。

在美洲的干旱地区也有许多黑色的**拟步甲**，比如这种来自新墨西哥州的**圆甲**Coelocnemis sp.。这种怪异的姿势是在进行防御，就像一些被人们饲养的蜘蛛那样。

在澳大利亚的干旱地区，同样也有一些**拟步甲**，比如这类扁盘甲。它们身体扁平，很多没有后翅，如果有树木的话，它们喜欢居住在树皮下面。这是**翅缘扁盘甲属**Pterohealeus的一个物种，体长1.8 cm（0.7 in）。

新几内亚总是用一些稀奇古怪的例外来打破人们固有的认知。这是来自高地雨林的一种色彩明快的**拟步甲**，它在白天活动，展现出自身无与伦比的美丽。体长2.8 cm（1.1 in）。

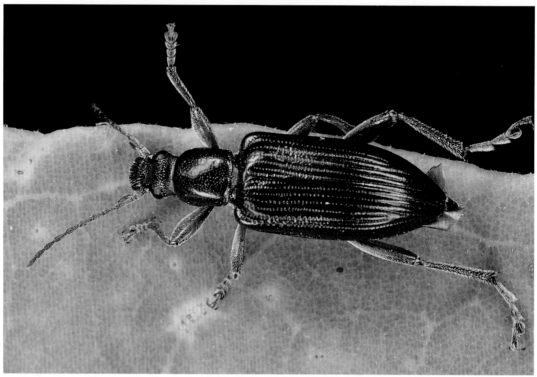

朽木甲科Alleculidae也被归入**拟步甲**类中，其中包含着很多色彩鲜明、访问花朵的甲虫。这里展示的是来自澳大利亚的两种**伊朽木甲属**_Aethyssius_的朽木甲。体长1 cm（0.4 in）。

一类来自南非的**拟步甲**有着在地上有韵律地轻敲足尖来吸引配偶的习性。这是**黑亮雾甲** *Moluris pseudonitida*，体长1.8 cm（0.7 in）。

加里曼丹岛潮湿的雨林中充斥着腐朽的木头和各种取食真菌的生物。这种大型的**拟步甲** *Robustocamaria* **sp.** 在夜晚很常见。体长3 cm（1.2 in）。

这是一种闪耀着金属光泽的**拟步甲** *Cyphaleus planus*，这个属的成员产自东南亚至澳大利亚。体长2.5 cm（1 in）。

在非洲海岸充满藻类的潮间带上，生活着一些取食死亡藻类的**拟步甲** *Pachyphaleria capensis*，体长0.8 cm（0.3 in）。

拟步甲科的伪叶甲亚科Lagriinae中的成员都有着标志性的前胸，像一根细长的"脖子"一样。它们因为在白天活动而十分容易被发现。图中的该亚科成员来自新几内亚，体长1 cm（0.4 in）。

这种怪异的细腰拟步甲产于马达加斯加。在这里，有很多长得不合常理的昆虫。体长2 cm（0.8 in）。

这类形态特别的甲虫有很多俗称，比如针尾甲、翻滚花甲、鱼甲等。它们非常多动，行动迅速、难以捕捉，成虫阶段基本在花朵上度过。这是花蚤科Mordellidae的一种星花蚤属Hoshihananomia的物种。体长1 cm（0.4 in）。

与花蚤科Mordellidae相似，**大花蚤科Rhipiphoridae**也有后方尖细的身体。成虫在花朵上活动，但幼虫是甲虫、蜚蠊和蜂类的寄生虫。一些物种的雌性成熟后保持着无翅的幼虫形态。这是来自澳大利亚的一种**大花蚤** *Macrosiagon* **sp.**，体长1 cm（0.4 in）。

来自加里曼丹岛的一种小型**花蚤**，属花蚤科Mordellidae。体长0.8 cm（0.3 in）。

甲虫中最大的类群之一是叶甲，属于**叶甲科Chrysomelidae**。虫如其名，叶甲无论是成虫还是幼虫，都吃植物的叶子，而叶子可以说是非常丰富的食物资源了。至今有超过32 500种叶甲种被命名，它们属于很多不同的亚科。小的叶甲，如被称为"叶蚤"的跳甲，体长仅0.12 cm（0.05 in），大的则能达到5 cm（2 in），比如一些长着"青蛙腿"的茎甲。下面是对这些甲虫的详细介绍。

从最大的物种**茎甲亚科Sagrinae**的成员开始介绍。这个亚科的**茎甲**由于雄性的后足粗壮，在英文中又被称作"青蛙腿甲虫"。**茎甲属*Sagra***包含了一些大型而美丽的种，基本上都产自东南亚。上、下图的茎甲体长都约为3.5 cm（1.4 in）。

叶甲科最大的亚科是**叶甲亚科**Chrysomelinae，这其中包含许多圆圆拱拱的叶甲，比如产自澳大利亚的**斑叶甲属***Paropsis*的成员。它们的体长基本在1 cm（0.4 in）左右，拥有变化多端的色斑和纹理，身体表面光亮或暗淡。它们肥胖的幼虫（右上图）生活在成虫的附近。

在这些吃叶子的甲虫中，有一些是害虫。来自美国，著名的科罗拉多马铃薯叶甲*Leptinotarsa decemlineata*就是一个例子。体长1.2 cm（0.5 in）。

叶甲中的**铁甲亚科Hispinae**中许多种的成虫都长满坚硬的尖刺，而幼虫则长着较软的刺。这是一个来自加里曼丹岛的种，体长1 cm（0.4 in）。

两种来自哥斯达黎加丛林中的十分漂亮的叶甲。左图是一种**叶甲*Disonycha* sp.**，体长1.4 cm（0.5 in）。右图是**褐足彩叶甲*Calligrapha fulvipes***，体长1 cm（0.4 in）。

隐头叶甲亚科*Cryptocephalinae*中的隐头叶甲体形长而粗壮。大多数个头都不是很大，喜欢单独在叶片上活动。这里展示的是来自澳大利亚的三种桉隐头叶甲属*Aporocera*的三种隐头叶甲，体长均约0.8 cm（0.3 in）。

红色，还是红色！这两种热带叶甲刷新了对红色极限的定义。左图：一种来自加纳，虽未鉴定却绝不会被认错的叶甲，体长1.2 cm（0.4 in）。右图：来自泰国的陈氏负泥虫*Lilioceris cheni*，体长1 cm（0.4 in）。

这是一种在欧洲比较常见的金属蓝色的**山叶甲** *Oreina* **sp.**，图中这只来自波兰的橡树森林。体长 1.2 cm（0.5 in）。

甲虫中，照顾后代的习性很少见。这种来自澳大利亚的**斑叶甲** *Tinosis maculata* 的成虫正在保护它的后代，同时，这些幼虫身体上还有作为伪装的泥土和粪便。成虫体长 1 cm（0.4 in）。

　　叶甲中有一类虫如其名的甲虫即**龟甲亚科Cassidinae**的**龟甲**。它们扁而宽阔的鞘翅能将下方的身体其余部分全部盖住。有的时候，龟甲鞘翅有着透明的侧缘，而大多时候，都有着大胆独特的配色。下面两张图展示两种非常漂亮的龟甲。

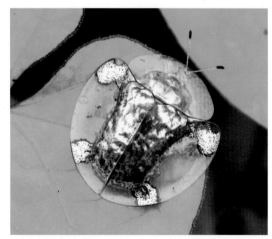

这种来自伯利兹的**大红网龟甲***Stolas punicea*有着非常厚重的色彩。体长1.2 cm（0.5 in）。

这种未鉴定的**龟甲**完美地体现着花哨和精致的斑纹，在银色和天蓝色中间是纯净的金色。体长 1 cm（0.4 in）。

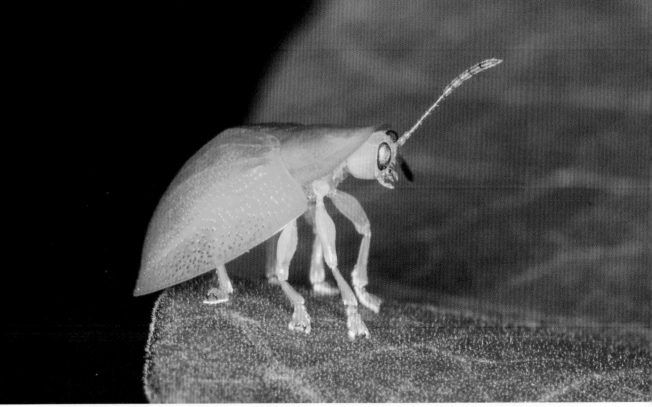

上图：是来自马达加斯加雨林中的一只纯绿色的未鉴定**龟甲**，它正在做出罕见的抬头姿势。下图：也是来自马达加斯加的另一种长相怪异的**龟甲**，它的身体很扁，处在常见的保护性姿态中，背上还有两根突出的尖刺。体长约1.2 cm（0.5 in）。

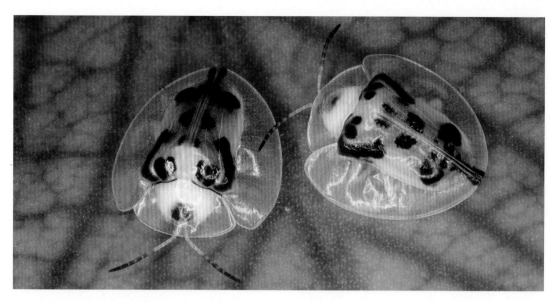

这是来自澳大利亚的**艾龟甲属***Emdenia*的两只**龟甲**，它们的鞘翅有着完全透明的侧边，它们的足虽然被盖在下面，却还是能被看到。体长1.2 cm（0.5 in）。

龟甲的幼虫十分怪异，它会在多刺的身体上再粘上蜕下来的旧皮来迷惑捕食者。

这种来自哥斯达黎加的**金靶子龟甲***Ischnocodia annulus*身上长着牛眼一般的花纹。体长1 cm（0.4 in）。

另一种来自马达加斯加的**龟甲**，身体由金色、黑色和透明的区域组成。体长1.2 cm（0.5 in）。

天牛科Cerambycidae的天牛也是一类形态特殊、物种丰富的甲虫，由于它们巨大的体形，有着悠久的人为采集历史。在英文中被称作"长角甲虫"，虽然没有真正的角，它们的触角一般都非常长，有的甚至数倍于体长。天牛分布于世界各地，其中的多数，超过25 000个种产自热带地区。它们的幼虫在活着和死去的树干中钻蛀。

天牛科Cerambycidae的**白条天牛属***Batocera*有大概60个大型的美丽物种，分布于澳大利亚的热带地区直至非洲，但在美洲没有分布。宽阔的跗节和长长的触角是天牛科的典型特征。这是一只来自新几内亚的白条天牛，体长7 cm（2.8 in）。

布氏白条天牛*Batocera boisduvali*产自澳大利亚和新几内亚。和同属的其他许多种一样，它的幼虫生活在榕树的树干中。其面部的微距照片（下图）展现出这些甲虫非常强壮的上颚。天牛用这对上颚来在树干上咬出一个洞以产卵。体长6 cm（2.4 in）。

众多的美丽天牛分布于热带地区，在欧洲也有分布。顶部左图是**斑花天牛***Leptura maculata*，顶部右图是**心斑花天牛***Stictoleptura cordigera*。上图的**高山蓝丽天牛***Rosalia alpina*的形象至少在6个不同国家的邮票中被采用。

虎天牛属*Clytus*的种分布于世界各地。它们拟态蜂类，其实没有什么攻击性。世界上最早被命名的是产自欧洲的**拟蜂虎天牛***Clytus arietis*。体长1.4 cm（0.5 in）。

这种草天牛*Dorcadion fuliginator*属于一类不是树栖、而是地栖的天牛。图中的草天牛来自欧洲，体长2 cm（1.8 in）。

一种来自马达加斯加东部雨林，未鉴定的美丽**天牛**。体长2.5 cm（1 in）。

这是一种让我们不会忘记南美洲的昆虫种类有多么稀奇古怪的甲虫。**长臂天牛Acrocinus longimanus**的雄性长着恰如其名、非常长的"手臂"。体长7 cm（2.8 in），臂展宽达20 cm（8 in）。

这种**绿合欢天牛Platymopsis viridescens**所在的属的大多数成员分布于澳大利亚，它们的幼虫专门取食金合欢。体长2 cm（0.8 in）。

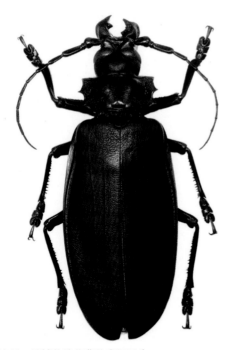

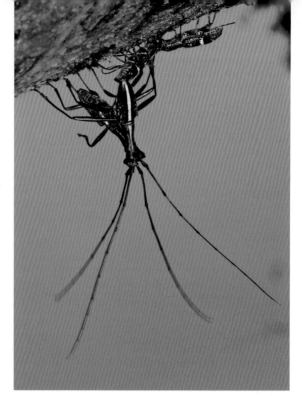

这是一只博物馆收藏的**泰坦天牛***Titanus giganteus*，它是世界上最大的天牛，也是最大的昆虫之一。这种天牛数量很少，分布于南美洲，体长可达17 cm（6.8 in）。

印度尼西亚丛林中的戏剧性一幕。这种**纤角天牛属***Gnoma*的天牛聚在一段树干下方举行交配前的仪式。两只雄性在奋力争斗，而雌性在旁边观察。雄性体长2.5 cm（1 in）。

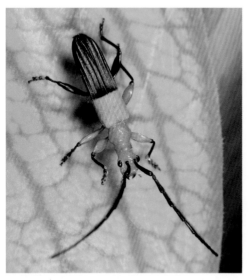

这种**天牛***Tropocalymma dimidiata*是澳大利亚东海岸花朵上的常客。体长1.2 cm（0.5 in）。

这种来自马达加斯加的**天牛**时常在雨林中洒满阳光的空地上群集，展现它们耀眼的光泽。体长2 cm（0.8 in）。

象甲是地球上最特化的动物之一。它们有着一根长"鼻子"，吃木头、根茎或者叶子，包含7个科、超过62 500个已命名的物种。最典型的科是**象甲科Curculionidae**，该科有超过55 000个种。象甲的口器长在延长的喙的末端，有的物种的喙甚至比身体其余部分还要长。除了用于取食，它们的喙还可以用来挖掘精致的小洞以产卵。象甲科大多物种体色晦暗，有些是著名的储藏害虫（不过大多数物种其实与人类没有多少牵扯），有的长相千奇百怪。体长0.1~6 cm（0.04~2.4 in）。

和典型的灰褐色象甲不一样，这种来自新几内亚的**象甲*Eulophus* sp.**呈蓝色，主要在白天活动，展现着它们的美丽。体长2.5 cm（1 in）。

产自印度尼西亚苏门答腊岛的"**钻石象甲**",体长1.8 cm(0.7 in)。

象甲中的一个亚科专门取食棕榈树。当棕榈树受伤并流出汁液时,它们会大量集群而来。有的种个头非常大,比如这种**澳洲棕榈象*Iphthimorhinus australasiae***。体长3.5 cm(1.4 in)。

左图：**黑小丑象Pantorytes stanleyanus**，来自澳大利亚。在澳大利亚热带地区和亚洲，许多物种都有着明亮的斑点和条纹。右图：来自新几内亚的相近种。体长均约1.2 cm（0.5 in）。

来自哥斯达黎加，高海拔而湿润的云雾森林中的**白垩象Peridinetus cretaceus**。体长1.5 cm（0.6 in）。

来自哥斯达黎加，栖息在**蝎尾蕉Heliconia sp.**花朵上的**珠宝象甲**。体长0.5 cm（0.2 in）。

在每个昆虫的科中，最先得到命名的属的名字都与科相同。因此，**象甲科Curculionidae**中最早命名的属就叫作**象甲属Curculio**。这个属的象甲体形很小，有着细长的喙。它们用喙末端的口器在坚果上挖洞，并在果内产卵，因此又被称作板栗象或者坚果象。左图：来自欧洲的**桦树象Curculio betulae**；右图：来自美国的**象甲属Curculio**物种。体长均约0.8 cm（0.3 in）。

象甲类昆虫中还有一个科是**卷象科Attelabidae**。这其中超过2 000个种的"鼻子"都比较短粗，有着卷叶的习性。交配之后，雌性巧妙地将叶片切断，然后卷成一个紧紧的小圆筒，并在其中产1枚卵。幼虫在这里面受到充足的保护，从里面开始取食叶子。这是来自澳大利亚的一种**狭额卷象Euops sp.**，体长0.6 cm（0.2 in）。

卷象科**Attelabidae**中有着很多长得匪夷所思的物种。**长颈鹿卷象***Trachelophorus giraffa*就是这其中最为神奇的一种。它产自马达加斯加，被很多书籍收录以展示那里的动物能有多么怪异。只有雄性才有像这样夸张的长脖子。体长2 cm（0.7 in）。

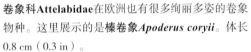

卷象科Attelabidae在欧洲也有很多绚丽多姿的卷象物种。这里展示的是榛卷象*Apoderus coryii*。体长0.8 cm（0.3 in）。

这种来自新几内亚、充满金属光泽的**卷象**展示着该科另一种炫耀的方式。体长0.8 cm（0.3 in）。

象甲比其他科的甲虫高明之处在于一些种能够拟态鸟粪。对于寻找可以吃的甲虫的捕食者来说，它们看起来一点都不像能吃的东西。左图：是来自厄瓜多尔的一种**鸟粪象**，卡在叶子的孔洞之中更增添了几分真实性。右图：是来自加纳的另一种绝妙地拟态鸟粪的**象甲**。

在18世纪，澳大利亚被探索的早期，植物学家约瑟夫·班克斯在他首次登陆的海湾被那儿的植物多样性所震惊，因此他把这个地方成为"植物学的海湾"。在这些植物中生活着这种被命名得恰如其分的**植物学海湾钻石象甲Chrysolopus spectabilis**。体长1.8 cm（0.6 in）。

来自新几内亚的一种未鉴定的小型**象甲**，体长0.5 cm（0.2 in）。

一些**象甲**会用奇怪的姿势将自己固定在树枝上。你可能没意识到，象甲这样可以将自己伪装成树枝上的小果子或者结节。这只象甲来自澳大利亚的沙漠中。体长0.6 cm（0.2 in）。

来自新几内亚的一个属的象甲被称作**"蜘蛛象"**，它们生活在树干和树枝上，长得非常像捕鸟蛛；哪怕是它们缓慢而精巧的运动方式也和蜘蛛很像。这些物种都属于**蛛象属*Arachnobas* sp.**，体长约2 cm（0.8 in）。

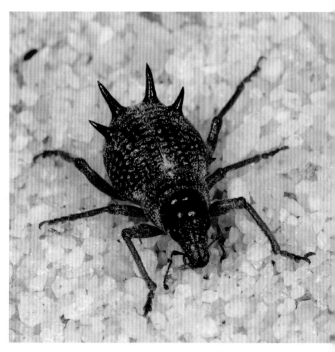

有的昆虫是多么地善于表现。这是来自南美洲的一种**象甲***Hoplocopturus* **sp.**，它以令人眼花缭乱的速度进行着求偶的舞蹈，然后又突然停在这个滑稽的姿势上。

这种**象甲***Catasarcus carbo*有着坚硬的防卫性尖刺。它生活在澳大利亚西部的沙漠中，在这种环境下额外的保护可能是必须的。体长1 cm（0.4 in）。

这种神奇的流线形**象甲**来自新几内亚。对一些捕食者来说，它可能因为太光滑而不好捕捉。图中上方是它的头。体长1 cm（0.4 in）。

一种来自泰国的未鉴定**棕榈象**。体长2.5 cm（1 in）。

这种来自马来西亚的**象甲**可能**象甲属*Curculio* sp.**的某个种，有着极其细长的"鼻子"。它的喙虽然不是最长的，但也能排进前几名。与之相近的另一个物种有超过体长3倍的长喙。加上喙，体长2.5 cm（1 in）。

象甲看上去总是会摆出特别的姿势。这种来自澳大利亚雨林中，有着粗壮的喙和獠牙的**象甲**Glochinorhinus evanidus在面对镜头时一动不动。体长3 cm（1.2 in）。

蓝色的甲虫十分罕见。这种**象甲**Eulophus sp.就是许多来自新几内亚高地的蓝色象甲之一。体长2 cm（0.8 in）。

左图是一只未被命名的、正在倒立的小型**象甲**，而右图是一只正在吃螨虫的跳蛛。它们都生活在新几内亚的同一片森林中，科学家们认为它们在互相拟态。到底谁在这种关系中受益更多呢？象甲通过做出这种头朝下的姿势，在用延长的后足模拟跳蛛的威胁姿态。这种蜘蛛的学名为*Coccorchestes ferreus*。体长均为0.4 cm（0.15 in）。

长角象科Anthribidae超过3 000种象甲又被称作**菌象甲**。雄性（左图）有时会长有非常长的触角，而它们的喙，或者鼻子，一般都很短而宽。幼虫生活在长满真菌的朽木里。图中物种来自新几内亚，体长均为1.4 cm（0.5 in）。

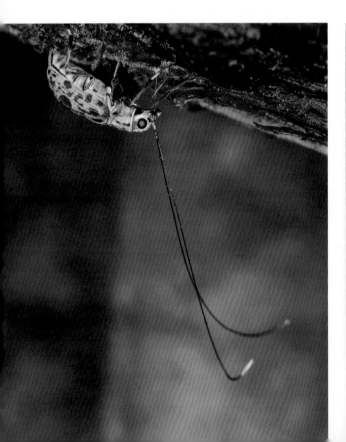

这种来自新几内亚的**象甲**正将其末端长有口器的喙插入一个还是青色的果实中。它会在其中寻找种子的位置，之后在缺口中产下一枚或更多的卵，以便幼虫取食种子。体长1 cm（0.4 in）。

象甲类甲虫还包括一个**三锥象科Brentidae**。这个科在全世界有约4 000个物种，基本上都生活在新鲜倒下的木头中。它们主要的鉴定特征是身体细长，表面非常光滑，以及细长、最多能和身体一样长的喙。雄性一般比雌性长得艳丽。这种狭长的**三锥象**来自哥斯达黎加，体长2.5 cm（1 in）。

一只雄性的**三锥象**做出威慑姿势。这种**十星三锥象** *Ectocemus decimmaculatus* 来自印度尼西亚和澳大利亚。它的幼虫在死掉树干的孔洞中生活。体长2 cm（0.8 in）。

这种圆滚滚的**三锥象**正在马达加斯加雨林中的果实上大快朵颐。

三锥象科Brentidae的一些成员有着长出突起的后足和短粗的喙，甚至几乎没有喙。它们生活在小蠹（另一种象甲）挖掘出的坑道中。上图：来自澳大利亚的一种**三锥象** *Cyphagogus delicatus*，体长0.4 cm（0.15 in）。对页图：来自东南亚的一种**三锥象** *Calodromus sp.*，体长1.2 cm（0.5 in）。

二十四、捻翅虫

捻翅目 Strepsiptera

9科600种

这是昆虫中一个与众不同的小目。捻翅虫体长0.5~4 mm（0.02~0.16 in）。所有物种都是其他昆虫的体内寄生虫。仅有一个科除外，雌性从不舍弃它们蛴螬一般的体形，哪怕是蜕去最后一层皮、进入成虫阶段之后。雄性则能发育成有翅会飞的成虫，而它们的前翅退化成短棒状，后翅则非常宽大，看起来呈怪异的形状。雄性会四处飞行，寻找雌性散发出的性信息素；而雌性是不会离开寄主的。雌性在化蛹后，头部和腹部的一些部分会从寄主腹部的某一节中突出来。雄性找到雌性之后进行交配，雌性在体内产生成百上千枚卵，这些卵就在雌性身体内部发育。孵化出的微小、自由活动的1龄幼虫被称作"三爪蚴"。它们四处爬行，要是遇到合适的寄主，就会开始它们新一轮的寄生循环。

不同科的捻翅虫会选择不同类群的昆虫寄生。最常见的目标有各种蜡蝉、蝗虫、蜜蜂和胡蜂等。

雄性**捻翅虫**长着形状怪异的翅膀。体长0.3 cm（0.12 in）。

准蜂科Melittidae的准蜂被无翅的**捻翅虫**寄生了。图中有翅的雄性捻翅虫身体下方才是雌性捻翅虫。在这之后，雌性捻翅虫会生产成百上千的幼虫，这些幼虫会寻找和寄生于更多的寄主。

这种**纸胡蜂***Polistes dominulum*被蜂捻翅虫*Xenos vesparum*寄生了。在胡蜂体内生长的雌性蜂捻翅虫的身体正从胡蜂腹部分节处突出来（图中箭头指示），等待有翅的雄性前来交配。

二十五、蝎蛉

长翅目 Mecoptera
9科800多种

对于一个几乎无害的昆虫小类群来说，"蝎蛉"这个名字有些令人望而生畏。这个名字来源于最大的科，**蝎蛉科 Panorpidae** 的雄性。它们身体末端的几节像蝎子的尾巴一样膨大而向背面反曲。这些昆虫和蚊、蝇、跳蚤等近缘。蝎蛉同样是非常古老的昆虫，是最早拥有完全变态的生活方式的昆虫，即历经幼虫、蛹才能到达成虫阶段。蝎蛉的幼虫像是毛毛虫或者蛴螬，在土壤中或周围生活，取食各种活着或者死亡的生物组织。成虫体形较大，有的是捕食者。它们的头部前端延长成喙，口器包括上颚等长在喙的末端。蝎蛉大约有一半的种捕食其他小昆虫，有时飞行捕猎，有时则行偷窃。**蚊蝎蛉科 Bittacidae** 的蚊蝎蛉用前足吊挂在植物上，并用十分特化的后足和中足抓捕路过的猎物。蚊蝎蛉足的第4和第5跗节长满尖刺，像夹子一样，可以用于捕捉飞行中的昆虫。

对于蚊蝎蛉来说，抓捕猎物是交配过程中非常重要的一步。雄性蚊蝎蛉必须先捕捉一头猎物，并将之作为"婚姻礼物"，才能吸引到愿意交配的雌性。这种聪明的适应性可以为雌性提供充足的蛋白质，来满足它们交配后产卵所需。大多数物种的卵都是产在地面上，而幼虫则生活在地表或者洞穴。经过七次或更多次蜕皮，它们化蛹，准备变为成虫。

蝎蛉中最为怪异的类群就是**雪蝎蛉科 Boreidae** 的雪蝎蛉了。它们生活在北半球，体形微小，翅膀退化、仅剩残余。它们喜欢在雪地上活动，搜寻死掉的昆虫或其他各种残渣碎屑，能够耐受零下的低温。

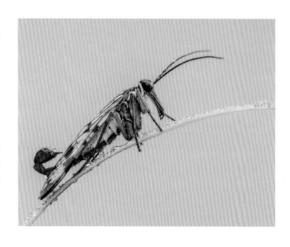

经典的**欧洲蝎蛉** *Panorpa communis*，属**蝎蛉科 Panorpidae**，来自欧洲，可以说明"蝎蛉"这个名字的来历了。它腹部末端上举的部分，其实是雄性用于交配的生殖器官，这种与蝎子尾巴的相似性确实不可思议。体长2.2 cm（0.9 in）。

这里说个故事。**蚊蝎蛉**属于蝎蛉类昆虫中的**蚊蝎蛉科Bittacidae**。它们总是用前足吊挂身体，并伸展开捕捉式的中足和后足用于捕捉猎物。在交配前，雄性必须准备一块食物作为礼物送给雌性。抓到猎物后，雄性会将这个消息通过性信息素腺，即腹部后方红色的、肿胀的部位释放的性信息素告知雌性。雌性在交配完成后就会享用雄性送上的猎物，这能保证它有足够的蛋白质营养来生产卵。昆虫学家发现，雄性送出的"礼物"大小能影响交配的时间。如果猎物很小，则交配只能延续10分钟。而像家蝇那么大的猎物，可以让交配时间延长到30分钟。图中的雄性蚊蝎蛉抓到了一头巨大的大蚊，这可是家蝇个头的4~5倍。这是来自澳大利亚西部的**哈尔皮蚊蝎蛉属***Harpobittacus*的一个种，体长2.5 cm（1 in）。

有很多昆虫类群因在雪上活动而闻名。俗称的"雪蚤"其实是身形紧凑的雪蝎蛉，它们在苔藓上取食，不畏严寒。雪蝎蛉退化的翅膀不能用于飞行，不过在交配时，可以帮助雄性钩住雌性。这是**冬雪蝎蛉***Boreus hiemalis*，属雪蝎蛉科**Boreidae**。

一种来自泰国的**蝎蛉**非常明显地展示着它们俗称的来历。在一些物种中，雄性腹部末端的几节颜色十分鲜亮。别看一些蝎蛉长相诡异而具有攻击性，它们几乎不会咬人，也不会和人类产生多大的联系。

二十六、跳蚤

蚤目Siphonaptera
16科2 500种

跳蚤被大大地污名化了，不过像一台机器一样，跳蚤的身体有许多不平凡的特点。它们的身体侧扁，各节坚硬的外骨骼向后套叠，使得它们的身体在一个方向上显得十分光滑。重要的关节区域则被扁扁的梳状刚毛保护起来，这些刚毛既可以减少寄主瘙痒时带来的伤害，又能发挥将跳蚤的身体固定起来、不轻易掉落的作用。它们的后足，以及原本用于飞行的肌肉组织中充满着弹性蛋白——一种可高效伸缩的蛋白质，能够释放出97%的储存能量。在起跳之前，胸部用于跳跃的肌肉压迫着3块不同体节的骨板，将这些压力能量锁住。准备好后，后足会从地面抬起，胸部快速地将储存的能量释放，并发出"嗒"的一声，然后再由后足向下一蹬以释放第二波能量。这样，跳蚤能给自身制造出难以置信的高达140个重力加速度，将自己风驰电掣间弹到空中。跳蚤的起跳高度可达35 cm（14 in），约等于它们体长的85倍。

另一个工程学上难以解释的方面是它们的口器。它们的口器各部分组合成针状，能够刺入寄主的皮肤，而这种刺吸动作居然也是由与跳跃相同的弹性蛋白系统完成的。在刺吸的时候，它们的口针就仿佛被锤子敲了一样猛地扎进寄主的皮肤中。

跳蚤的体长0.1~0.9 cm（0.04~0.33 in），其中的大多数都短于0.5 cm（0.2 in）。所有的跳蚤都是体外寄生虫，也就是说它们只生活在动物的身体外部。和一些寄生鸟类的虱子不大一样，跳蚤基本上都是哺乳动物的寄生虫。它们可能是从一些最早生活于动物巢穴中的祖先演化而来，而有一些昆虫现在仍保留着这种生活方式。大多数的跳蚤的成虫时期都在寄主的身体上度过。一般来说，跳蚤产卵时会将卵扔出寄主的身体表面，卵就在巢穴或其他地方孵化。幼虫像蛴螬，身体很小，取食各种"残羹剩饭"，比如成虫干燥、含有血液的粪便。有些幼虫还会通过拉拽成虫刚毛，向其"乞食"，成虫就会反刍出血液给幼虫喝下。

下面就是令人讨厌的部分了。跳蚤因为是腺鼠疫，即中世纪暴发的"黑死病"的中间宿主而臭名昭著。然而只有少数几种跳蚤，如**鼠疫蚤*Xenopsylla cheopis***才是幕后元凶，它们能在城市环境里在人和鼠之间传播鼠疫。各种传染病在现今仍然存在，不过现代城市的卫生管理再加上效果非凡的现代药物，使得很多过去的传染病都销声匿迹了。

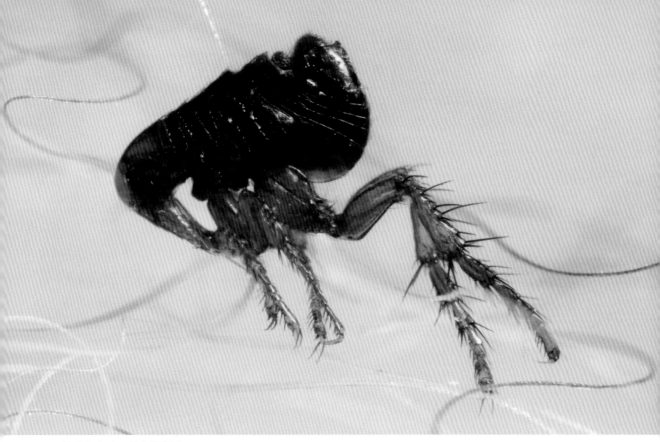

攀附在狗毛上的**犬栉首蚤***Ctenocephalides canis*。

攀附在人皮肤上的**猫栉首蚤***Ctenocephalides felis*。

二十七、蝇类

双翅目 Diptera
172科160 000种

蝇类因为大多只有一对翅膀，是昆虫中非常独特的一类昆虫。它们的学名Diptera来自古希腊语，字面意思就是"双翅"。这个目昆虫的第二对翅特化成了短短的"平衡棒"，用于控制飞行时的平衡，这也使得一些双翅目昆虫，比如家蝇，能够像耍杂技一样逃脱我们的追捕。有的蝇类在飞行时能利用平衡棒陀螺仪一般的功能，在空中保持悬停，或者突然完全地调转方向，比如食蚜蝇。

双翅目昆虫的口器也十分特殊。蝇类的舐吸式口器前端有抹布一样的唇瓣，专门用来舐舐湿润的食物。不过在另一些种类中，口器变为了刺吸式，比如虻和食虫虻的口器为短短的尖刀状，而蚊的则是又尖又长的针状。这些昆虫中只有雌性才会去吸脊椎动物的血，以利用其中的蛋白质来加速卵的生产。

一些双翅目昆虫吸血、传播疾病，再加上人们对蝇类整体的憎恶，给整个双翅目制造了不算公平的声誉。其实，双翅目的172个科的昆虫基本上都不会直接与人类接触，而且它们是生态系统中传粉和营养循环的重要参与者。我们可能会不喜欢各种苍蝇，但实话实说，它们的幼虫降解和回收利用了大多数死亡的动物尸体，以及活动物的排泄物。

大多数陆生的双翅目昆虫幼虫是结构简单的蛆状。一些比较原始的科的幼虫则是水生的。蚊、蠓和蚋等昆虫的幼虫，时常被称作孑孓或红虫。有的幼虫，比如孑孓，没有演化出鳃，而必须浮到水面上，通过一根吸管才能呼吸。有的幼虫体形微小而柔软，可以直接透过皮肤吸收水中溶解的氧气，另一些则在气管的开口处长有小小的鳃。对于这些水生昆虫来说，在水中化蛹后再蜕变为完全陆生的成虫，可能是个比较麻烦的过程。蚊的蛹要羽化时像一艘小船一样浮在水面上，而其他一些昆虫会在水下储存一个小气泡，来帮助羽化出的成虫浮到水面上。

双翅目昆虫主要有两大类。比较原始的**长角亚目Nematocera**的昆虫身形精细，常有细长的足、细长的触角，有时在触角上还长着很多毛：这里面包括了蚊、蠓和蚋等昆虫。

另一类是**短角亚目Brachycera**，演化上比前一类要高级一些。它们身体一般更为粗壮，大多都是陆生蝇类，有着短小、少毛的触角。从演化的角度来看，这些比较先进的科才代表着一些"常见"的双翅目昆虫，比如蝇类。

腐食性在双翅目中占了很大的比重。除了死掉的动物之外，它们还会参与任何其他腐烂有机质的分解循环过程。双翅目昆虫在演化的过程中失去了直接取食活植物组织的口器，不过有一些演化出了潜叶的生活方式，即在叶片内部取食较软的叶肉。有一些则迫使植物长出一些软组织以供幼虫栖居。它们可以通过分泌一些特殊的化学物质刺激植物长出虫瘿，将幼虫与外部世界隔离开来。

许多科的双翅目昆虫在成虫或幼虫阶段是捕食性的。**食虫虻科Asilidae**的食虫虻是动作敏捷、有时个头很大的猎手，一边飞行一边捕捉猎物，像蜻蜓那样。长足虻和水蝇等则喜欢守株待兔。有一些科的成员则因为行使另一种捕食方式——寄生而闻名。有的科，特别是**寄蝇科Tabanidae**，会寄生很多昆虫，包括甲虫和蝴蝶的幼虫和蛹。更加高级的寄生虫比如虱蝇、肤蝇等甚至会直接吃脊椎动物的肉，还有体表坚硬、无翅的蝠蝇。

接下来是对双翅目昆虫的一段概览，我们会从比较原始的**长角亚目Nematocera**开始。这些科身形纤细，成虫触角较长，幼虫时常水生。这里面最著名的成员就是**蚊科Culicidae**的蚊子，以及很多蠓和蚋等昆虫。

这张图展现了双翅目昆虫飞行技艺的巅峰——悬停。这只来自南非的**蜂虻**会花费数小时在它的取食领地中盘旋巡视，并寻找潜在的对象。

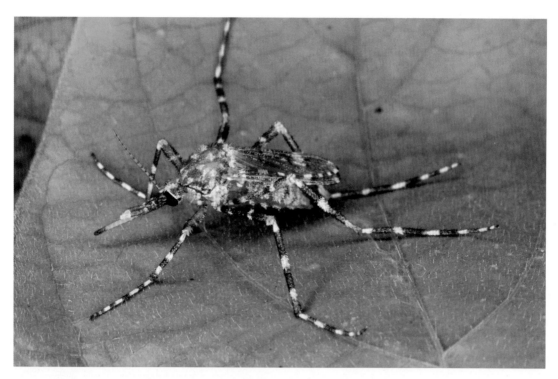

蚊子演化出了细长、针状的刺吸式口器。这种口器时常非常纤细，再加上它们分泌出的多种化学物质，使得被咬的动物几乎无法察觉。这种多毛的**巨伊蚊**Aedes alternans是世界上最大的蚊子之一，它来自澳大利亚。这种蚊子会集群咬人，它们粗壮的"口针"会带来强劲的刺痛。

埃及伊蚊Aedes aegypti是世界上研究最为透彻，也是最危险的蚊子。它能传播登革热、寨卡热、奇昆古尼亚热以及其他很多的传染病。注意一下它的刺吸式口器中真正用于吸血的"针管"是非常细的（头部下方细细的一条红线）。口器中大部分都是保护性的鞘状构造，在图中移到了一边（箭头所示）。

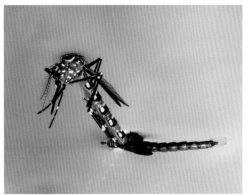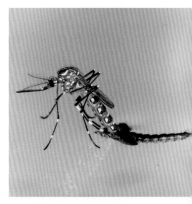

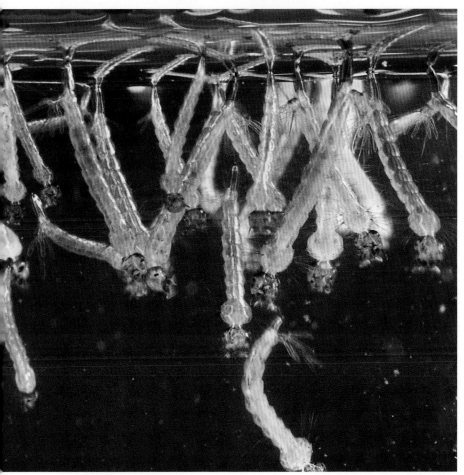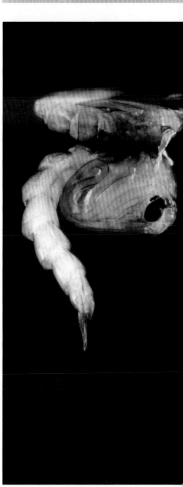

蚊子的水生幼虫被称为"孑孓"（左图），它们能够自由活动的蛹也生活在水中（右图）。因此，当它们要从水中羽化成能飞的成虫时，就必须格外小心。蛹会像一艘小船一样浮在水面上，成虫从蛹壳内缓慢地钻出。当身体的大部分钻出蛹壳后（顶部中图），它不可思议地在水的表面找到平衡，将六足完全展开，慢慢地站立在水的表面，在起飞前，新形成的翅逐渐变干、变硬。这是**埃及伊蚊***Aedes aegypti*，在顶部3幅图展现的整个羽化过程中，蛹壳始终都漂浮在水面以下。

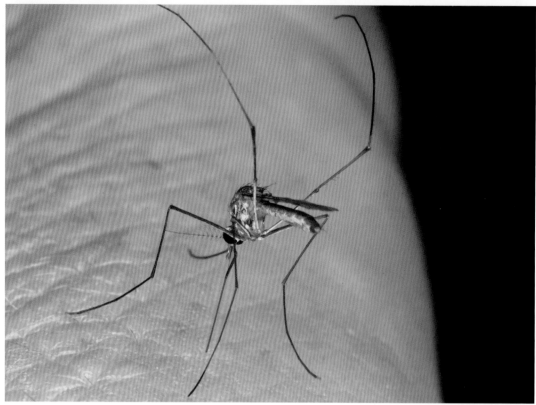

人们一般认为，蚊子是只会叮咬温血动物的。然而，因为蚊子是靠动物呼出的二氧化碳来定位目标的，温度也就不会限制它们。蓝带蚊属*Uranotaenia*的成员是专门吸食蛙血的蚊子。顶图所示正在吸蛙血的蚊子来自澳大利亚，而上图所示的停歇在拍摄者手指上的则是一种来自新几内亚的**杵蚊*Tripteroides* sp.**。两种蚊子体长分别为0.3 cm（0.12 in）和0.4 cm（0.16 in）。

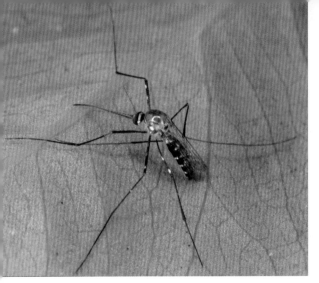

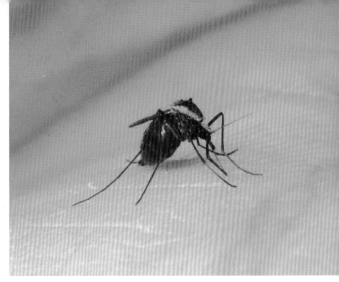

上图：这种**马格尼西亚杵蚊** *Tripteroides magnesianus* 来自澳大利亚，长着漂亮的斑纹，不喜欢叮咬人类。

下图：会叮咬人类的最大的蚊子之一，**斑背伊蚊** *Aedes vittiger* 会集群攻击，它们粗壮的刺吸式口器能带来明显的刺痛。

上图：如果在吸血的过程中不受打扰，蚊子能喝下相当于它们体重2~3倍的血液。之后，它们会慢慢地飞到安静的地方躲藏起来，消化掉这些血液然后生产卵。这是来自澳大利亚的**窄翅伊蚊** *Aedes lineatopennis*。

这是疟疾最大的帮凶。**按蚊属Anopheles**的蚊子携带的疟疾杀死的人类数量远远超过了其他原因造成的死亡，包括战争。在雌蚊吸血的时候，它会将红细胞过滤出来，舍弃营养较少的血浆。该属的蚊子大约有30个热带物种能使人类感染疟疾，不过大多数只叮咬鸟类和其他一些动物。体长0.8 cm（0.3 in）。

白纹伊蚊*Aedes albopictus*虽然不是**蚊子**中的头号杀手，但它是一个非常难以防控的入侵物种，现在正在以惊人的速度传播到世界各地。它能传播登革热类疾病，包括塞卡热和奇昆古尼亚热等。由于冬季变暖，它们现在在欧洲和美国的一些地区已经站稳了脚跟，随时准备传播疾病。

这是世界上最大的**蚊子**，既不会咬人，更不会吸血，甚至是有益的昆虫。**巨蚊属*Toxorhynchites***的成员有着金属光泽和弯曲的喙，它们的幼虫会捕食其他蚊子的幼虫。这类蚊子被用于防治传播登革热的蚊子，特别是那些在轮胎的积水中滋生的孑孓。一只巨蚊的幼虫一天可以吃掉50只或者更多长大后会传播疾病的孑孓。成虫体长1.4 cm（0.5 in）。

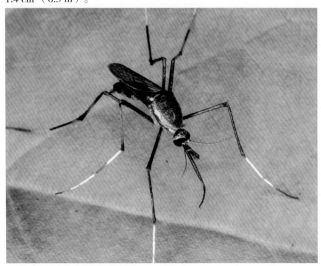

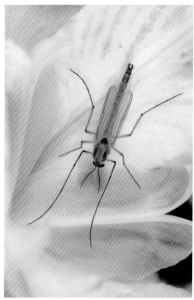

摇蚊科Chironomidae的摇蚊是淡水环境中最多样的生命体，全世界约有8 000个种。它们的幼虫水生，而在这些水域中它们可能占据了所有滤食性、潜叶和泥栖动物物种的一半。它们的成虫不会叮咬，可以从缺少一根刺吸式口器这一点而与大小相似的蚊子区别开。雄性时常有非常长的前足，身体多为绿色。它们的幼虫又称红虫，体内有血红蛋白，能够适应缺氧、多泥的环境。

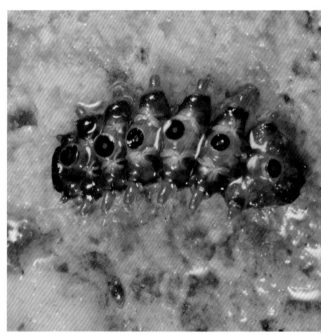

网蚊科Blephariceridae的成员喜欢生活在汹涌的水流和瀑布中。它们的幼虫用腹面的很多吸盘将自己牢牢吸附在光滑的石头表面，在激流中滤食微生物和残渣。

大蚊科**Tipulidae**的大蚊约有15 000个种。它们是非常古老的有翅昆虫，早在2.5亿年前就已经出现了。大蚊的幼虫生活在水中或潮湿的、营养丰富的地方，比如腐烂的植物中。
短柄大蚊属Nephrotoma的成员分布于世界各地，大多都有着黄黑相间的斑纹。体长2 cm（0.8 in）。

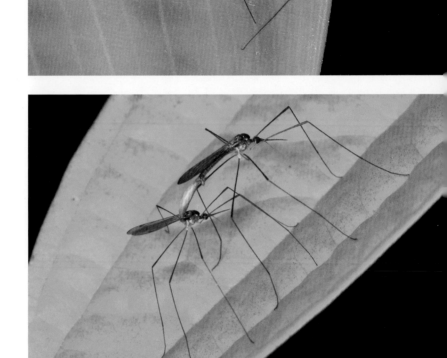

大蚊的交配十分常见。这种图同时展现出大蚊的一个亚科拥有短剑一样的"喙"，这让它们变得与蚊子难以区分。不过，大蚊的足一般都很细长，而且不会叮咬——这种喙其实是用来插进花朵，以吸取花蜜的。

这种透明而优雅的**大蚊**生活在哥斯达黎加湿冷、长满苔藓的云雾森林中，这里的海拔达到3 000 m（10 000 ft）。体长2 cm（0.8 in）。

瘿蚊科**Cecidomyiidae**的瘿蚊。它们的幼虫会分泌出一些化学物质，迫使植物长出肿瘤一样的组织即虫瘿，制造出一个既安全又能吃的"房屋"。有的成虫会非常奇怪地挂在蜘蛛网上，晃来晃去。看起来，蜘蛛并不是很在意。该科已知的6 000个种可能只是冰山一角，因为仍有很多虫瘿中的幼虫还没有与微小而难觅踪迹的成虫对应起来。

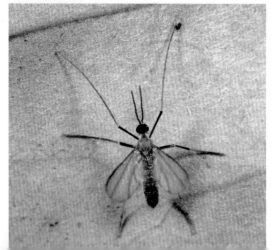

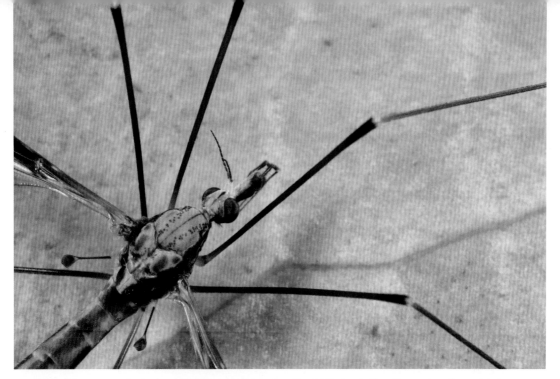

大蚊有着非常明显的平衡棒——退化的第二对翅膀，长得像顶端带球的棍棒一样的平衡器官，这同时也是双翅目昆虫的共同特征。

 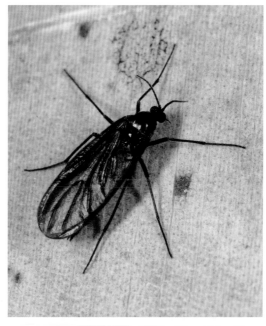

菌蚊科Mycetophilidae的菌蚊约有4 000个种。它们的幼虫与真菌关系密切。左图的菌蚊在一朵新鲜的蘑菇上聚集、交配和产卵。右图的菌蚊来自另一个小得多的近缘科——眼蕈蚊科Sciaridae。两种菌蚊均来自澳大利亚，体长约0.5 cm（0.2 in）。

一只超乎你的想象的瘿蚊，属瘿蚊科Cecidomyiidae。这个科的绝大多数成员都又小又不起眼，不过这种瘿蚊就是一个例外。这只芽瘿蚊属*Asphondylia*的瘿蚊正停歇在哥斯达黎加高海拔雨林的**蝎尾蕉***Heliconia* sp.的叶片上。体长1.8 cm（0.7 in）。

现在介绍另一类会咬人的双翅目昆虫，**蠓科Ceratopogonidae**的蠓。这个科有几百个体形微小的物种，主要属于**库蠓属Culicoides**，有时还被赋予了一些神秘色彩。在北美洲，它们被称作"看不见的咬人虫"或"沙蝇"。在欧洲，它们被称作"咬人蠓"。蠓的体长一般都小于0.2 cm（0.06 in），几乎到了肉眼看不见的程度。不过它们的叮咬能够引起非常严重的瘙痒，这是由于蠓在叮咬时会锉开皮肤，然后在吸食血液之前注入唾液。在苏格兰的一项由志愿者参与的研究中记录，蠓群在短短的1分钟内对一条胳膊总共进行了高达635次叮咬。左图展示的是来自苏格兰的一种蠓，右图则是一只来自澳大利亚、非常贪婪、吸了相当于原体重3倍的血液的蠓。

蚋科Simulidae的蚋是另一类会吸血的双翅目昆虫。最极端的情况下，它们的叮咬造成的失血甚至能杀死一只动物。就像蠓（本页顶部）一样，它们会将皮肤锉开并注入抗凝血的唾液，引起严重的瘙痒。左图是来自新西兰的**澳蚋属Austrosimulium**的物种，右图是来自厄瓜多尔的**双色蚋Simulium bicoloratum**。体长均约0.3 cm（0.1 in）。

本页展示的两种小飞虫都属**蛾蠓科Psychodidae**。上图则是被称作"沙蝇"的一种**罗蛉*Lutzomyia* sp.**，它们会吸血并传播各种疾病，包括利什曼病。体长均约0.3 cm（0.1 in）。下图是在浴室和厨房中非常常见的**蛾蠓**，它们在下水管道的淤泥中繁殖，但不会咬人。

短角亚目Brachycera的成员有着短小的触角和粗壮的身体，即常见的**蝇类**。短角亚目被分为超过120个科，包括最典型的常见蝇类比如家蝇。少数的科幼虫水生，不过大多数科的整个生活史都在陆地上度过。从演化的顺序上，我们从虻科Tabanidae及其近缘的类群开始介绍。

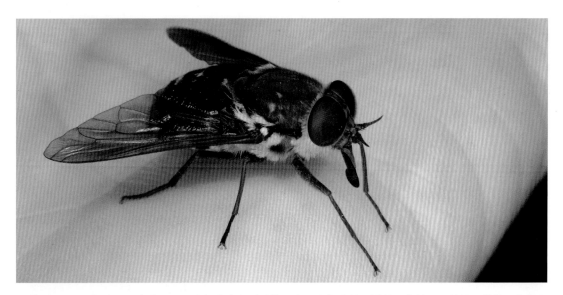

虻科Tabanidae有近4 400个种，里面有很多令人讨厌的飞虫，比如**牛虻、马虻、鹿虻、三月虻**，等等。它们有着非常发达的刺舐式口器，很多种会刺吸动物的血液并引发疼痛。它们的幼虫是凶猛的捕食者，捕猎其他无脊椎动物，时常躲藏在湿润的隐蔽处。成虫身体中型到大型，最大体长达到3 cm（1.2 in）。上图是一种**马虻** *Scaptia* **sp.**。上图和下图中的蝇类都来自澳大利亚，体长均约1.6 cm（0.6 in）。

虻是非常讨人厌的咬人昆虫，不过少数长得还挺漂亮，比如这种来自厄瓜多尔雨林的虻。体长1.5 cm（0.6 in）。

大多数**马虻**咬不到马，而是叮咬其他各种各样的哺乳动物，其中也包括了人类。它们巨大的复眼由多达5 000多个的小眼组成，能够精确地定位目标。这是一种来自新几内亚高海拔森林的一种大型虻。体长2 cm（0.8 in）。

虻科**Tabanidae**的**鹿虻**喜欢叮咬鹿。不过在美洲和欧洲，它们有时也会叮咬人类。它们的个头比其他的虻类要小一些，而且翅和复眼上有着多彩的斑纹。这是来自欧洲的**斑虻***Chrysops viduatus*，体长1.4 cm（0.5 in）。

一种来自马来西亚的**鹿虻**，同样在复眼上有着非常炫丽的斑纹。体长1 cm（0.4 in）。

这种来自波兰的**虻**有着非常炫彩的复眼。复眼并不是我们看上去的一个整体，而是由非常多的小眼组合起来的，而复眼中央的"瞳孔"其实只是在一些小眼内部的色素显现出的颜色。

有一些虻复眼上非常炫丽的色彩只是由外部的色素反射而来，理论上说完全不会影响它们对色彩的感知。这是来自澳大利亚的一种**三月虻***Lissimas australis*。

澳大利亚高山地区最好看的一种虻，它虽然能给花朵传粉，但也是令人生厌的咬人虫。这是一种三月虻*Scaptia auriflua*，体长1.2 cm（0.5 in）。

鹬虻科Rhagionidae的鹬虻与虻科的虻相近。这里面只有非常少数的种才会吸血，而右图中，欧洲常见的这种金鹬虻*Chrysopilus* sp.显然在成虫阶段完全不吃任何东西。左图是来自哥斯达黎加的另一种体形较大的鹬虻，它有着虻类典型的喙，非常可能也会叮咬吸血。两图中的虻体长分别为1 cm（0.4 in）和1.5 cm（0.6 in）。

水虻科**Stratiomyidae**的水虻是特征非常明显、颜色鲜亮的飞虫，约有3 000个种。它们的身体或多或少呈扁平，复眼时常很大且有炫丽的颜色。水虻的幼虫大多是腐食性或藻食性的，生活在水体或者其他湿润的地方，不过少数水虻幼虫是捕食性的，它们有着非常坚硬的外骨骼，捕猎其他双翅目昆虫的蛆形幼虫。体长多变，从最小的0.3 cm（0.1 in）到最大的2 cm（0.8 in）。

一只来自马达加斯加的**水虻**正在潮湿的森林一角上方的木头上产卵。幼虫孵化后会掉落。体长1.2 cm（0.5 in）。

来自许多热带地区，几乎无法鉴定的几种水虻（**水虻科Stratiomyidae**）。

来自印度尼西亚，体长1 cm（0.4 in）。　　来自马来西亚，体长1.2 cm（0.5 in）。　　来自新几内亚，体长0.9 cm（0.4 in）。

来自泰国，体长0.8 cm（0.3 in）。　　　　　来自泰国，体长0.8 cm（0.3 in）。

这种**金环水虻**Syndipnomyia auricincta是**水虻**中拟态蜂类的成员之一。这种配色给它们带来了一定的保护，除非在同一个地方有太多的动物长成这样，以至于捕食者忘记了保持小心。来自澳大利亚，体长1.2 cm（0.5 in）。

这种**绿脉水虻**Oplodontha viridula在欧洲很常见，被称作"绿色上校"，其复眼也有着非常炫丽的颜色。体长1 cm（0.4 in）。

食虫虻科**Asilidae**的食虫虻又称**盗虻**，它们是技艺高超的捕食者。食虫虻细长矫健的身体、巨大的复眼和长满尖刺的足让它们有着堪比蜻蜓的捕猎优势。漂亮的食虫虻在全世界有超过7 000个种，从0.3 cm（0.1 in）的小型物种到超过6 cm（2.5 in）的巨大飞虫。它们在飞行时捕捉猎物，在足的尖刺的帮助下，用尖锐的喙刺穿猎物。幼虫也是捕食性的，时常在土壤中捕猎金龟子的幼虫。

食虫虻巨大的全方位复眼可以让它们非常敏锐地感知到靠近的猎物。虽然它们有能力用强大的喙杀死相当于自身体重的猎物，这只来自马来西亚的食虫虻也不嫌弃这一顿"小吃"，即一只果蝇*Drosophila* **sp.**。体长2 cm（0.8 in）。

这是一只非常漂亮而又巨大的来自澳大利亚西部干燥地区的**金食虫虻属***Chrysopogon*物种。它捕食各种飞虫，体长2.8 cm（1.1 in）。

对页图：这可能不是最惹眼的**食虫虻**，但它惊人的猎杀能力绝对值得以一整页展示。这只体长6 cm（2.4 in）的食虫虻用喙刺穿了一只非洲蝗虫，还能非常轻松地飞行。摄于马达加斯加干燥的内陆。

一种来自澳大利亚的非常漂亮的**食虫虻**，体长1.4 cm（0.5 in）。

这种来自美国新墨西哥州的沙漠**食虫虻**捉到了一只虻。可见，食虫虻可以是一类益虫。体长2.2 cm（0.9 in）。

黄毛剑芒食虫虻*Choerades gilva*所在属的成员都有很多毛，主要分布于欧洲。体长1.8 cm（0.7 in）。

并不是所有的**食虫虻**都是体形壮硕的猎手。图中是**长腹食虫虻***Leptogaster* **sp.**，产自东南亚和澳大利亚。体长2 cm（0.8 in）。

这种**大黄食虫虻***Blepharotes coriarius*是澳大利亚最大的昆虫之一。它的体长达4.2 cm（1.7 in）。大黄食虫虻在死桉树的树皮缝隙或者土壤的缝隙中产卵，它们捕食性的幼虫主要猎食甲虫的幼虫。

食虫虻的外形已经足够令其他昆虫望而生畏，然而还有许多物种在拟态胡蜂和蜜蜂，这让很多捕食者敬而远之。左图是一种来自澳大利亚的**金食虫虻***Chrysopogon* **sp.**，体长1.5 cm（0.6 in）。右图是一种来自加纳，拟态木蜂的食虫虻，体长3 cm（1.2 in）。

这只雌性正在用单足悬挂，吃着本来妄图成为它的配偶的雄性。雄性**食虫虻**通常要送一点猎物给雌性在交配的时候享用。这只粗心的雄性可能忽略了礼物，然后自己被雌性吃掉了。体长2.6 cm（1 in）。

拟食虫虻科Mydidae的来自其热点地区澳大利亚西部的两种拟食虫虻。右图是一对正在交配的**斑腹拟食虫虻***Diochlistus mitis*，体长2 cm（0.8 in）；左图是一只**细腹拟食虫虻***Miltinus stenogaster*，体长2.5 cm（1 in）。

来自澳大利亚半干旱环境中的另外两种**拟食虫虻**。左图是一对正在交配的**斑翅拟食虫虻***Miltinus maculipennis*，它们拟态的是典型的胡蜂，体长1.8 cm（0.7 in）。右图可能是同属的一种未描述物种，体长2 cm（0.8 in）。

棘虻科Apioceridae是一个仅包含140个种的科，其中约有一半的成员分布于澳大利亚的干旱地区。成虫时常访花，取食的时候悬停在花朵上方，宛如蜂鸟。幼虫生活在土壤中，具捕食性。这两个种都属于**棘虻属***Apiocera*，体长均约1.8 cm（0.6 in）。

剑虻科**Therevidae**的剑虻在全世界约有1 000个物种。它们成虫的习性鲜为人知，而幼虫基本上在土壤中捕食其他无脊椎动物。干燥的澳大利亚同样是这个类群的热点地区。

剑虻的成虫取食花中的蜜露，不过这种行为很少能被观察到。这只**埃氏剑虻***Medomega averyi*就被拍了个正着。体长1.2 cm（0.5 in）。

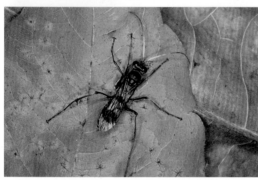 

剑虻有许多物种拟态蜂类，比如左图的**黄角剑虻***Taenogera luteola*和右图的**纹翅剑虻***Pipinnipons fascipennis*。

有时，剑虻的拟态对象可以被判定为一个特定的种。这种**蛛蜂剑虻***Agapophytus sp.*（右图）拟态的是比较危险的**蛛蜂科Pompilidae**的一种**奥蛛蜂***Auplopus sp.*（左图）。图中物种均来自澳大利亚，体长约1.5 cm（0.6 in）。

蜂虻科**Bombyliidae**的蜂虻通常身体多毛，是一个非常大的类群。蜂虻时常拟态胡蜂和蜜蜂，并且和它们一样喜欢在花朵附近盘旋。蜂虻会产下数量庞大、体积微小的卵，孵化出的寄生性幼虫会爬到那些倒霉的昆虫的身体上。它们主要的寄主包括蜜蜂，胡蜂，蚁蛉，蝗虫的蛹、幼虫和若虫。超过5 000种蜂虻是主要的传粉昆虫，在一些干旱地区中，它们的传粉效率甚至要超过蜜蜂。它们时常在花朵周围盘旋，然后用又尖又长的"喙"插到花朵中吸取花蜜。

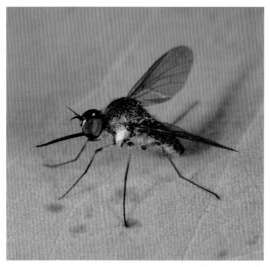

蜂虻中的一类没有扁平而长着蓬松的长毛的身体，而是像这样比较瘦长、只有短毛，还有着剑状、用于吸取花蜜的喙状口器。体长0.8 cm（0.3 in）。

大多数蜂虻身体的颜色都由褐色和灰色主导，不过少数的类群有着更加花哨的配色。摄于印度尼西亚，体长1.6 cm（0.7 in）。

蜂虻在地面产卵。它们时常在空中盘旋，然后落地。有的物种在地面停留很长的时间，收集一些沙粒装进身体上一个特殊的空腔中，将潮湿的卵包裹起来。随后雌性将卵产下，这些卵就消失在相似的沙粒中了。这是来自欧洲的绒蜂虻*Villa halteralis*，体长1.5 cm（0.6 in）。

这种属于**棕背蜂虻属***Comptosia*的物种是澳大利亚最大的**蜂虻**之一。这里展示的是大腹便便的**大棕背蜂虻***Comptosia magna*，其翅展达到5 cm（2 in）。看起来，它们拖着这么一个装满了卵的大肚子应该很难起飞。雌性每次降落时，产下1枚卵。蜂虻在停歇的时候，一般都会将翅膀向两侧平展。

在取食花蜜的时候，蜂虻时常全身沾满了花粉，比如这只来自非洲的**安蜂虻***Anastoechus* **sp.**所展现的一样。这使得它们在干旱环境访花时，成为非常重要的传粉昆虫。体长1 cm（0.4 in）。

一种来自澳大利亚的黑色**蜂虻***Bombylius* **sp.**展现出战斗机一样的对称体形和长满飞行肌肉的强壮胸部，这些也是蜂虻这一类卓越的飞行昆虫的典型特征。

上图是对**蜂虻**又长又直的"喙"的特写。蜂虻用喙来吸食花朵中深藏的花蜜。这是来自澳大利亚西部的一种**蜂虻*Disodesma* sp.**，体长1.5 cm（0.6 in）。

一种常见的**蜂虻**，有着蓬松的身体，它来自南非开满野花的地带。在这个植物多样性的热点地区有着成千上万种开花植物，蜂虻和其他传粉昆虫也就有了非常丰富的食物来源。这是一种**安蜂虻*Anastoechus* sp.**，体长0.8 cm（0.3 in）。

在南非的纳马夸兰，这种**蜂虻**是当地极其多样的花朵传粉大军中的一员。在这里人们不用饲养蜜蜂用以传粉，当地数百种野蜂和双翅目昆虫完全胜任这项工作。

这一类双翅目昆虫的分类地位一直在变动。它们的俗名是"小蜂虻"，体长仅0.3（0.1 in）或更短。有的作者给它们建立了单独的**小蜂虻科Mythicomyiidae**，但有的人则直接将其与更大的**蜂虻科Bombyliidae**合并。小蜂虻和蜂虻有着相似的生活习性，经常活动在花朵及其附近。摄于澳大利亚西部。

舞虻科Empididae的舞虻因它们交配时的群体活动和献礼行为而闻名。雄性舞虻会将一只猎物作为礼物，献给雌性。这只来自哥斯达黎加，体长1 cm（0.4 in）的舞虻正在吃一只果蝇。

这种体长仅0.3 cm（0.1 in）的扁足蝇又被称作"烟蝇"，因为它会被野外即将熄灭篝火的烟吸引，和其他蝇类一样，在那儿寻找食物。这是**扁足蝇科Platypezidae**的一种小扁足蝇*Microsania* **sp.**。

长足虻科**Dolichopodidae**包含超过7 000种长足虻。它们体形很小，基本都在1 cm（0.4 in）以下，一般都有着闪耀的金属光泽，身体细长，休息时用非常纤细的六足站立。大多数长足虻捕猎其他小昆虫，它们同样具捕食性的幼虫则生活在土壤中或树皮下。

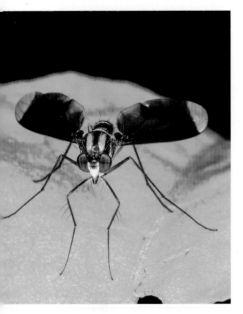

一种体形较大的**长足虻**，体长1.2 cm（0.5 in），来自新几内亚的高地森林。

长足虻大多都是绿色的，因此这头黄色的**雅长足虻***Amblypsilopus* **sp.**就显得非常独特。体长0.8 cm（0.3 in）。

来自加里曼丹岛的一种**长足虻**，体长1 cm（0.4 in）。

两种来自加里曼丹岛的**长足虻**。从侧面看就可以非常容易地理解它们名字的由来。这些虻类有着很强的领域性，追逐赶走路过的其他昆虫后，又会降落回原来的叶片上。体长均约1 cm（0.4 in）。

食蚜蝇科**Syrphidae**是一个超过6 000个种的大科，通称**食蚜蝇**。温带地区的春天是访问花朵、盘旋飞行的昆虫的最佳季节。大多数食蚜蝇都有着拟态蜂类的斑纹，而其中的一些食蚜蝇甚至能非常精确地模仿特定种类的蜜蜂和胡蜂。它们的幼虫捕猎身体柔软的其他昆虫比如蚜虫，因此是园丁的好朋友；不过也有一些会寄生蜜蜂。

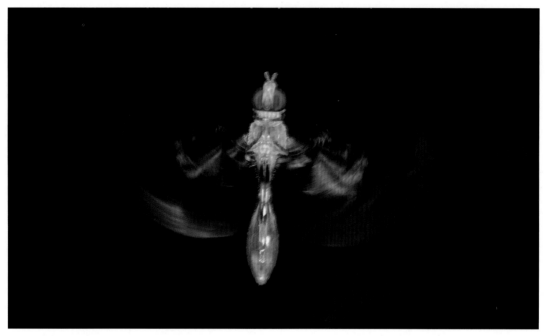

这种来自加纳的**食蚜蝇**正在展示绝妙的飞行技艺：原地悬停。这是一种巴食蚜蝇*Baccha* **sp.**，体长1.2 cm（0.5 in）。

蜂蚜蝇属*Volucella*的蜂蚜蝇有许多非常漂亮的种，时常不同程度地拟态胡蜂或者蜜蜂。这种黑带蜂蚜蝇*Volucella zonaria*就是欧洲常见的一个拟态胡蜂的种，体长1.6 cm（0.6 in）。

仔细观察访花的昆虫。许多胡蜂、蜜蜂和熊蜂都会被误认为是**食蚜蝇**。

来自欧洲，长得很像熊蜂的**皮毛蚜蝇***Criorhina floccosa*。体长1.5 cm（0.6 in）。

来自欧洲，拟态胡蜂的**黄颊长角蚜蝇***Chrysoroxum cautum*，体长1.5 cm（0.6 in）。

来自欧洲，拟态熊蜂的**管蚜蝇***Eristalis intricarius*，体长1.6 cm（0.6 in）。

来自澳大利亚，拟态胡蜂的**突角蚜蝇***Ceriana ornata*，体长1.2 cm（0.5 in）。

来自欧洲，拟态熊蜂的**蜂蚜蝇***Volucella bombylans*，体长1.6 cm（0.6 in）。

来自欧洲，拟态胡蜂的另一种**突角蚜蝇***Ceriana conopsoides*，体长1.4 cm（0.6 in）。

技艺最为高超的拟态昆虫之一。这可不是一只**胡蜂***Vespa* **sp.**，而是一只完全无害、取食花粉的**拟蜂木蚜蝇***Temnostoma vespiforme*。拉丁学名中的"vespiforme"就是"像蜂一样的形态"的意思。摄于欧洲，体长2 cm（0.8 in）。

这只来自泰国的**食蚜蝇**把蜜蜂模拟得惟妙惟肖。体长1.2 cm（0.5 in）。

来自澳大利亚西部的一种罕见的黑色**食蚜蝇***Orthopsopa grisa*。它的幼虫捕食蚂蚁。体长1.2 cm（0.5 in）。

一种来自澳大利亚有着金属光泽的**食蚜蝇***Austalis pulchella*，体长1.4 cm（0.6 in）。

这种头部很大的**食蚜蝇**正在吸食从树冠层滴落在叶片上的果汁。摄于哥斯达黎加，体长1.2 cm（0.5 in）。

斑眼蚜蝇属*Eristalinus*产于亚洲和澳大利亚的热带地区。它们巨大的复眼上有着令人惊奇的花纹。体长1.5 cm（0.7 in）。

一种来自澳大利亚热带地区的**食蚜蝇***Austalis conjuncta*，因有着鲜红色的复眼而在花朵上非常醒目。体长1.4 cm（0.6 in）。

这种暗金属绿色的**食蚜蝇***Omidia* **sp.**来自哥斯达黎加，它不仅在外观上，也在飞行姿态上模拟兰花蜂。体长1.5 cm（0.7 in）。

在热带雨林中，寻找花朵要花费一点力气。澳大利亚世界自然遗产森林中这两种**食蚜蝇**正在为一棵树授粉，发挥着它们悬停的绝技。体长1 cm（0.4 in）。

水蝇科Ephydridae的**水蝇**虽然名称如此，但可不局限于水边环境。与其他昆虫不一样，它们可以借助足表面的拒水毛而在水面上行走。左图是一只澳大利亚的水蝇在水面吞食一只蠓；右图是一种来自新几内亚的螳水蝇，它有着螳螂一样用于捕捉猎物的捕捉式前足。体长均约0.8 cm（0.3 in）。

沼蝇科Sciomyzidae中的成员是螺类杀手，它们会捕杀和寄生很多类型的淡水软体动物。成虫时常潜伏在淡水植物上。体长1.4 cm（0.5 in）。

虽然不像寄生蜂那样闻名，有一些蝇类也是寄生性的，因此对我们的农作物来说有一定的益处。这种**绵蚧隐毛蝇***Cryptochaetum iceryae*是体长仅0.2 cm（0.08 in）的小型蝇类，它被从澳大利亚引种至世界各地以防治农作物害虫，尤其是吹绵蚧。图中所示是绵蚧隐毛蝇在向寄主产卵，属于**隐毛蝇科Cryptochaetidae**。

眼蝇科Conopidae的成员都是寄生性的，并且有着多彩的花纹，时常拟态它们的寄主——胡蜂和蜜蜂。它们甚至长出了细细的"蜂腰"。大约800种眼蝇在花上伏击前来访花的胡蜂和蜜蜂，用腹部一个"开罐器"一样的装置给寄主的腹部开一个孔，然后向其内产下1枚卵。最终，寄主被从内部取食的幼虫逐渐杀死。

两种绝妙地拟态胡蜂的昆虫。左图是来自澳大利亚的**澳叉芒眼蝇***Physocephala australiana*，看上去十分像泥蜂；右图是来自欧洲，模仿胡蜂类昆虫的另一种**眼蝇***Conops vesicularis*。

眼蝇科的一些成员是非常优秀的传粉昆虫，有着剑状的口器，用来插入花朵中吸食花蜜，比如左图的**锈色眼蝇***Sicus ferrugineus*。右图则是拟态胡蜂的另一种**眼蝇***Conops vesicularis*。均摄于欧洲，体长约1.5 cm（0.6 in）。

来自澳大利亚的一种漂亮的眼蝇 *Australoconops* **sp.**（左图）和来自加那利群岛的**双斑叉芒眼蝇** *Physocephala biguttata*（右图）。体长均约1.5 cm（0.6 in）。

一种来自斯里兰卡拟态蜂类的**眼蝇**正在吸花蜜。糖分是昆虫飞行肌肉最需要的营养。翅展2.5 cm（1 in）。

很多蝇类的名字中都涉及"果实"，不过**实蝇科Tephritidae**的实蝇才是"真正的"吃水果的蝇。实蝇科有超过4 600个种，其中有些是非常著名的害虫，在果园和农场中非常令人生畏。然而，和其他昆虫类群一样，实蝇中也只有非常小的一部分有害，而其余的大多数该科的成员都不会打扰人类。大多数实蝇幼虫都在植物组织中，特别是果实中生活。雌虫会将卵直接刺入果实的内部。这里展示的是著名的**地中海实蝇**Ceratitis capitata（左图）、**番木瓜实蝇**Bactrocera papyae（右图），以及**芒果实蝇**Bactrocera frauenfeldi（下图）。大多数的有害实蝇都属于非常庞大的**果实蝇属**Bactrocera，体长约1 cm（0.4 in）。

大多数的**蝇幼虫**都被称作蛆，这里展示的是**番木瓜实蝇***Bactrocera papayae*的幼虫在从内部向外取食一根辣椒。

绿色的**竹实蝇**在东南亚的森林中生活，它们的幼虫蛆取食竹笋尖端的幼嫩组织。体长0.8 cm（0.3 in）。

这种**双斑澳实蝇***Austronevra bimaculata*原产于澳大利亚雨林。在这张图中，雄性正在进行实蝇中常见的求偶舞蹈。注意下方的雌性长有长长的产卵结构，可以用来刺穿水果。

一种未鉴定的**实蝇**，来自新几内亚的雨林，体长1.2 cm（0.5 in）。

一种微小的**实蝇**，体长仅0.4 cm（0.16 in），来自印度尼西亚。

一种来自加纳雨林中巨大的**实蝇**，翅展达3.5 cm（1.4 in）。**实蝇科Tephritidae**。

广口蝇科Platystomatidae的广口蝇有时也会与实蝇相混淆。从下图这只摄于新几内亚、正对着镜头的广口蝇身上，我们可以轻松看懂其名字的来历。

这是**广口蝇科Platystomatidae**中的**突眼广口蝇属*Achias***的昆虫。上图是该属中一个没有眼柄的种，而下图是一种来自新几内亚，有着非常夸张的眼柄的突眼广口蝇。体长约1.5 cm（0.6 in）。

广口蝇科Platystomatidae的成员又得名"信号蝇"。像大多数取食果实的蝇类一样，它们会在求偶的过程中挥舞精致的翅膀。这是一个来自新几内亚的种，体长1.5 cm（0.6 in）。

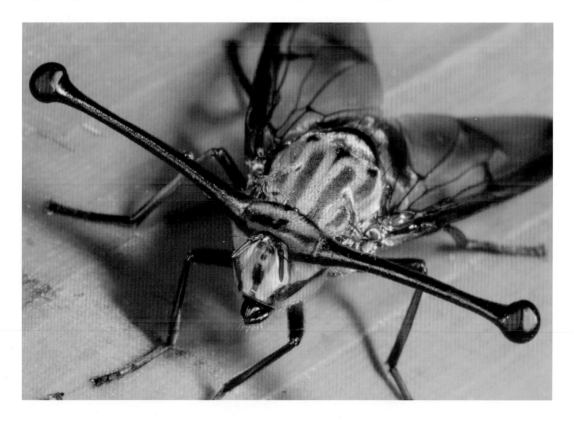

一种来自马来西亚的美广口蝇*Euthyplatystoma* **sp.**，属广口蝇科**Platystomatidae**。除了令人惊奇的复眼之外，这个科中大约1 200个种大多数翅膀上长着错综复杂的斑纹。雄性会在复杂的求偶舞蹈中挥舞翅膀。体长1.5 cm（0.6 in）。

粗股蝇科Richardiidae是一类小型的也会取食水果的蝇类，主要分布于南美洲。不过在这里，相对于水果，它们更加喜欢取食鸟类和哺乳动物的粪便。体长1 cm（0.4 in）。

一种未鉴定的、来自新几内亚的广口蝇。它这夸张的锤头鲨一样的头部不仅仅用于在头部正常的雌性面前炫耀，同时也可以用来与其他雄性争斗。体长1.5 cm（0.6 in）。

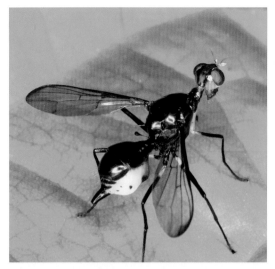

并非所有的**广口蝇**都长得身体粗壮并在翅上长满花斑。这个来自印度尼西亚的物种打破了该科的常态，有着小小的头部和细细的"蜂腰"。体长1.5 cm（0.6 in）。

这是不是最奇怪的蝇？看起来一点儿也不像蝇类。这种来自澳大利亚的**短翅广口蝇***Asyntona* sp.也属广口蝇科Platystomatidae，它很可能是在拟态甲虫。体长0.5 cm（0.2 in）。

果蝇科Drosophilidae的果蝇又被称作"醋蝇"。身形微小的**黑腹果蝇***Drosophila melanogaster*（左下图）时常在家里的果盘上空盘旋飞行，世界各地都有它们分布。这也是基因组最早得到研究的昆虫之一。然而，这个科有着超过4 000个种，大多数不会在我们的家里出现。它们主要的食物是酵母菌等真菌以及植物，也有少数是捕食者。这里展示的是来自加里曼丹岛的一个**果蝇属***Drosophila*的物种（底部左图），以及来自澳大利亚，长相花哨的**白条果蝇***Leucophenga scutellata*（底部右图）。体长均为0.4~0.5 cm（0.16~0.20 in）。

缟蝇科Lauxaniidae是一个比较难描述的科，其2 000多个微小种中的绝大多数在微距镜头下才显得出人意料的漂亮。大多数种的生活史还未被人所知，不过它们的幼虫一般取食腐烂的叶子，有时生活在落叶层中。

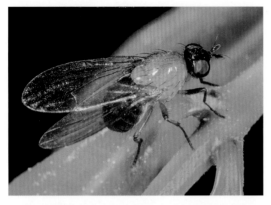

顶部左图：来自澳大利亚的双鬃缟蝇*Sapromyza* **sp.**，体长0.8 cm（0.3 in）。

顶部右图：一种来自澳大利亚的缟蝇*Cephaloconus* **sp.**，体长0.8 cm（0.3 in）。

中部左图：一种来自新几内亚的金属色的缟蝇，体长0.4 cm（0.16 in）。

中部右图：一种来自澳大利亚和新几内亚的缟蝇*Cerastocara* **sp.**，体长0.8 cm（0.3 in）。

左图：一种来自澳大利亚的缟蝇，体长1 cm（0.4 in）。

上方的两种蝇长得可谓匪夷所思。**甲蝇科Celyphidae**的120个种虫如其名，长得如同甲虫。甲蝇胸部的一个部分（小盾片）长得非常大，盖住了它们仅有的一对翅膀，使它们长得非常像一只鞘翅愈合了的小甲虫。它们主要分布于亚洲，幼虫取食腐败的植物。体长最多0.5 cm（0.2 in）。

这只很漂亮的**网翅虻属网翅虻科Nemestrinidae**。这个科的一些种有着长长的喙，像蜂鸟一样为一些深处藏有花蜜的花朵传粉。不过这只来自澳大利亚，被称为"蝙蝠虻"的**网翅虻Nycterimorpha sp.**的习性还不为人知。体长2.2 cm（0.9 in）。

突眼蝇科**Diopsidae**的突眼蝇在亚洲和非洲有大约200个特征明显的种。它们的复眼和触角长在非常长的眼柄上。同样有着很长眼柄的柄眼广口蝇属于**广口蝇科Platystomatidae**，它们的触角长在发出眼柄的头部中央。突眼蝇的雌雄性都有很长的眼柄，不过雄性的眼柄通常更长，用于在抢夺雌性时与同性打斗。雌性会青睐眼柄更长的雄性个体。

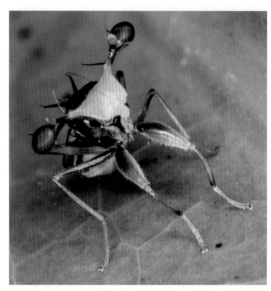

一种来自加里曼丹岛的极其夸张的**突眼蝇**，它的眼柄甚至比身体还长。体长1.2 cm（0.5 in）。

非洲的**突眼蝇**通常有着比较短的眼柄和更大的复眼，以及非常有个性的姿势。摄于加纳，体长1 cm（0.4 in）。

一种来自加里曼丹岛的**突眼蝇**。注意它背部的4根尖刺。有一种理论认为，这些尖刺能够帮助它们进入合适的交配姿势（右图）。

一对正在交配的**突眼蝇**展现出与一些种类的两性有着相近长度的眼柄。摄于泰国，体长0.8 cm（0.3 in）。

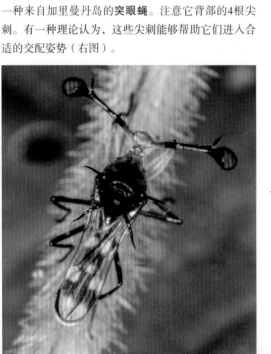

一种来自非洲加纳的**突眼蝇**。仔细观察它的头部中间的花纹，仿佛有一个正在生气的大胡子的脸。体长1.2 cm（0.5 in）。

一对正在交配的**突眼蝇**，这只雌性也有延长的眼柄，不过一般要比雄性短一些。摄于马来西亚，体长1 cm（0.4 in）。

瘦足蝇科**Micropezidae**的瘦足蝇有约700个种，它们都有非常长的中足和后足，在热带地区平展的叶片上非常容易被发现。它们有着非常复杂的求偶舞蹈，进行食物交换时看起来像在亲吻，还会花费很长的时间保持交配的姿态。已知的幼虫生活在腐败的植物中，而成虫会被腐烂的水果和动物的粪便所吸引。

一种来自印度尼西亚的瘦足蝇*Nestima* **sp.**，体长1.5 cm（0.6 in）。

一种来自加里曼丹岛的瘦足蝇，体长1.5 cm（0.6 in）。

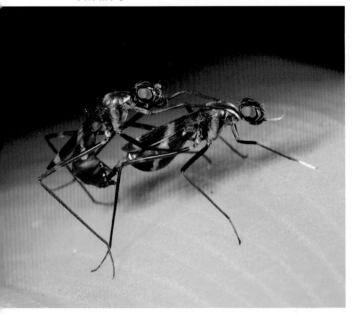

一对来自澳大利亚、正在交配的瘦足蝇*Mimegralla* **sp.**，体长1.5 cm（0.6 in）。

一种来自印度尼西亚的瘦足蝇，体长1.4 cm（0.6 in）。

"有瓣"蝇类包含了一系列当人们说"蝇类"时所真正指代的那些科，比如，家蝇、苍蝇、丽蝇、麻蝇等。我们把它们当作害虫，是因为这里面有少数的种喜欢亲近人类，吃各种垃圾。大多数的蝇类都是腐食性的，这意味着它们能够将腐烂的物质，从粪便到死尸，消化分解——这是保持生态系统正常运转的必要工作。哪怕是在家蝇所属的**蝇科Muscidae**，很多种也会捕食其他昆虫，包括一些害虫。

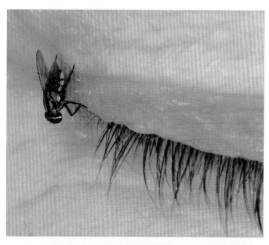
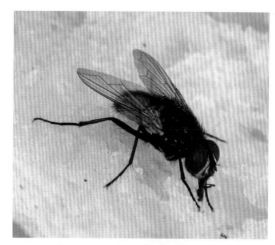
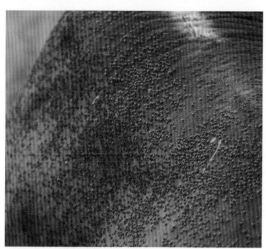

蝇科Muscidae中有许多惹人讨厌的害虫。在澳大利亚的一些地方，在夏天进行户外活动几乎是一种折磨，因为**灌蝇*Musca vetustissima***（顶部左图）会在任何有一丁点儿潮湿的地方停落。世界性分布的**家蝇*Musca domestica***（顶部右图）会从垃圾和粪便上把各种各样的疾病带到我们的家里。体长均6~8 cm（0.2~0.3 in）长。想想那些可怜的被凶猛的**角蝇*Haematobia irritans***攻击的牛（左上图）。角蝇最初只产于欧洲和亚洲，现在被分布于世界各地。右上图显示的是**螫蝇*Stomoxys* sp.**的特写，可以看到它那粗壮的刺吸式口器。这种蝇的雌雄两性都会吸血。它们的幼虫喜欢在浸泡过牲畜尿液的草堆中生活，因此马厩和牛圈等是它们最喜欢的生活环境。它们也比较喜欢叮咬人类。

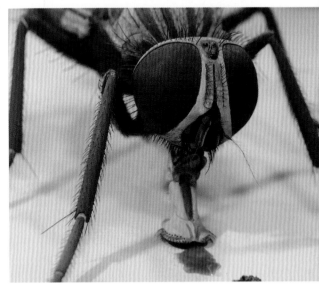

除了前一页中一些值得注意的害虫之外，**蝇科Muscidae**的5 200个种的生活都远离人类。顶部左图是一种**翠蝇**
***Neomyia* sp.**，它在热带雨林中生活，将废物分解。顶部右图是**蝇科**的一种蝇类正在为花朵传粉。左上图是一种
捕食其他昆虫的蝇。右上图展示蝇类的刺舐式口器，它的顶端是一个"抹布"一样的构造，在取食的过程中可
以非常容易地在垃圾、粪便和食物之间传播污物和细菌。

丽蝇科**Calliphoridae**的**丽蝇**包含约1 600种蝇类，喜欢取食死尸或者腐肉。很多种是其他无脊椎动物的寄生虫。有时一些动物，比如一只羊，时常被丽蝇嗡嗡地团团围住。该科的**金蝇属***Chrysomya*的种世界性分布，法医用它来推测死者的死亡时间。是金蝇属*Chrysomya*的一种，这个属中同时还包含着臭名昭著的**美洲螺旋蝇**，它们会入侵活的哺乳动物，甚至包括人类的肉体。体长均1~1.2 cm（0.4~0.5 in）。

一种来自澳大利亚西部的**丽蝇***Neocalliphora albifrontalis*，正停在一只死去的鸸鹋的羽毛上。之后，它的幼虫蛆就会在死尸上生长发育。体长1.2 cm（0.4 in）。

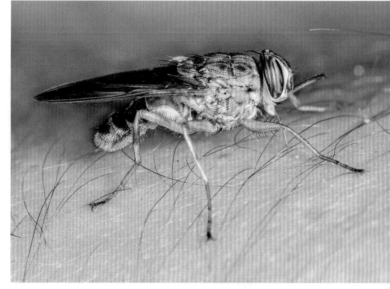

这是极富传奇色彩的非洲**采采蝇***Glossina* sp.，属舌蝇科**Glossinidae**。这是一种非常凶猛的咬人昆虫，其目标都是大型动物，从犀牛到牛，甚至人类，它们还携带引发昏睡病的锥虫。两性都会叮咬，雌性会利用血液中的营养来促进体内卵的成熟。和很多其他的吸血昆虫不一样的是，一旦你被采采蝇发现，它就会追着你。

丽蝇的很多物种身体都呈金属蓝色或者绿色，这让它们被称作绿头苍蝇或蓝苍蝇。这只丽蝇摄于马来西亚，体长1cm（0.4 in）。

麻蝇科Sarcophagidae的麻蝇又称肉蝇，有着和丽蝇相似的生活习性。它们的大多数都有着灰色的身体，在胸部有3条明显的黑色纵条纹。这里显示的是一个来自欧洲的麻蝇属Sarcophaga的物种。体长1.1 cm（0.4 in）。

来自澳大利亚的**黄腹口鼻蝇**Stomorhina xanthogaster是与肉食完全没有关系的一个丽蝇的例子。它是许多寄生性种类中的一员，幼虫在蚂蚁和白蚁的巢穴中生长发育。体长1cm（0.4 in）。

一种来自澳大利亚的**麻蝇**Sarcophaga sp.被散发着臭气的花朵吸引而来。这种花的气味闻起来像腐烂的肉，而不是伊丽莎白·雅顿香水。体长1.2 cm（0.5 in）。

按照演化关系的顺序，接下来介绍的是**寄蝇科Tachinidae**的寄蝇。这个非常庞大的类群有超过10 000个物种，它们全都寄生于取食植物的昆虫。它们在环境中发挥着非常巨大的作用，有些寄蝇的寄主还是我们的粮食作物上的害虫。寄蝇通常在猎物，尤其是毛虫、甲虫幼虫和蜷的身体上产卵，孵出的蛆形幼虫会钻到寄主的身体内部生长发育，在羽化为成虫之前会杀死寄主。寄蝇的大小和形状多样性非常高，不过大多数成员都在腹部末端和身体其他部分有很长的鬃毛。

这个残暴的场面展示一只鸟翼蝶的蛹被寄蝇杀死了。图中右侧是一种**饰腹寄蝇*Blepharipa* sp.**的幼虫和蛹。摄于澳大利亚。

寄蝇形态多变，典型的寄蝇都有着粗大壮实的身体和鲜明的条纹，如图中这只来自印度尼西亚的寄蝇。体长2.5 cm（1 in）。

一段非常扣人心弦的景象。图的右侧是一群在列队行进的毛虫（蛾的幼虫），它们身体上长的长毛尖端带毒，能引发瘙痒。旁边的**寄蝇**伸出了它的产卵器官，正在等待机会钻到毛虫的长毛下，在其身体表面产下卵。寄蝇体长1 cm（0.4 in）。

寄蝇形态多变，最经典的样子就是肥胖的身体、明亮的斑纹，比如这只来自印度尼西亚的寄蝇所展示的一样。体长2.5 cm（1 in）。

两种来自欧洲的寄蝇物种。左图：**金色突颜寄蝇***Phasia aurigera*，专门寄生蝽科的蝽类昆虫。右图：**绿亮寄蝇***Gymnocheta viridis*，身体上有着炫彩的金属光泽。体长均约1.2 cm（0.4 in）。

这种来自澳大利亚的**寄蝇Prodiaphania sp.**专门寄生金龟子的幼虫。它大概是体形最宽的蝇类了，从背面看身体近乎方形。体长1.6 cm（0.6 in）。

寄蝇身体结构的另一个极端是这种瘦长的**筒腹寄蝇Cylindromyia sp.** 不忙于寄生到蟪类上的时候，它会停落在花朵上吸食花蜜。体长1.2 cm（0.5 in）。

一种来自新几内亚岛屿上的未鉴定**寄蝇**。在使用色彩上它可丝毫没有吝啬。

寄蝇科Tachinidae中很多属的成员都有非常多额外的刚毛，因此又得到了"刺猬蝇"的别称。它们大多都生活在热带地区，图中这种寄蝇摄于哥斯达黎加高海拔地区。体长2.2 cm（0.9 in）。

上图是来自哥斯达黎加高海拔森林中的"**刺猬蝇**"。在这里生活着非常多的寄蝇物种。这可能是*Epalpus*属的一种**寄蝇**，这个属的成员都寄生毛虫。体长2.2 cm（0.9 in）。

最后介绍的一个科是奇异的**虱蝇科Hippoboscidae**。这个科中有800个物种，都是体外寄生虫，在其中又有约600种专门生活在蝙蝠身上，而其他则生活在鸟类身上。

左图：属于**无翅虱蝇亚科Nycteribiinae**的一种**蝙蝇***Cyclopodia* **sp.**，生活在澳大利亚的一只狐蝠的毛发上。它几乎完美地适应了这种生活环境，失去了很多蝇类本来的特点，甚至没有眼睛。右图：属**有翅虱蝇亚科Streblinae**的一种**有翅虱蝇**，这个亚科的大多数成员都是有翅的，不过有少数类群找到寄主、开始寄生生活之后会把翅膀丢弃。它们与寄主动物的协同演化关系造成了一种特定的由蝙蝠传播的虱蝇，通常指寄生在一种蝙蝠寄主身上。

二十八、石蛾

毛翅目Trichoptera

45科14 000种

石蛾对于钓鱼的人和其他任何喜欢去水边的人来说，都不是陌生的昆虫。毛翅目是一个比较小的目，全世界只有大约14 000种，不过它们的分布范围非常广。毛翅目昆虫即石蛾，和蛾类、蝴蝶关系非常接近。最主要的区别就是它们的翅上没有鳞片，没有卷曲的虹吸式口器，但有非常长、没有毛的触角。石蛾的幼虫生活在水中，会给自己制造非常精致的巢、陷阱和躲避物。虽然有一个科的蛾子的幼虫也是水生的，但蛾子没有这些石蛾典型的特征。

石蛾身体大小的变化令人吃惊。通常能见到的在水面上方飞舞的石蛾，体长大多1.5~2 cm（0.6~0.8 in），最小的则仅仅0.15 cm（0.06 in），而最大的可达3.5 cm（1.5 in）。

成虫在夏季的水面上方群集、飞舞。雌性会产下大量带有黏性物质、连接成带状的卵，看起来非常像青蛙的卵。这些卵会孵化出非常活跃的幼虫。大多数石蛾的幼虫会用叶子、沙子、小棍建造巢穴，巢穴的特征在鉴定科和属时非常有用。幼虫主要取食水中的各种残渣和植物组织，不过有一些不建巢、肉食性的物种会在水中编一张网来捕食一些小型的猎物。大多数的幼虫都有短小而成簇的鳃，有一些还能直接通过"皮肤"来摄取水中溶解的氧气。

成虫只吃一点点东西，或压根不取食，交配、生产下一代后就会快速死去。石蛾在非常干净的水域中能繁殖出非常大的数量，因此是食物链中的重要一环。鱼苗对石蛾非常依赖。它们的成虫则成为青蛙、鸟类、蝙蝠的食物，落到水面后，也会被鱼吃掉。

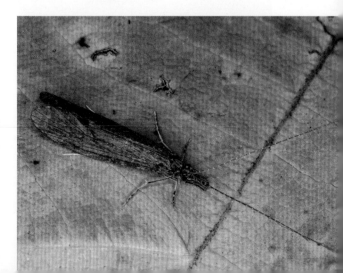

这只来自澳大利亚、属**长角石蛾科Leptoceridae**的石蛾***Triplectides* sp.**展现着毛翅目昆虫的典型外貌：褐色的身体，略带毛的翅，以及非常细长的触角。它生活在热带地区的急流附近。体长2.5 cm（1 in）。

石蛾有时候会被与另一类同样是水生的蜉蝣目昆虫混淆。蜉蝣与石蛾的不同点在于腹部末端时常有3根须，哪怕是在稚虫时期。石蛾的成虫看上去颜色比较暗淡，不过有的热带物种长得也很花哨。石蛾的前翅上长着很多毛，这让它们看起来有一点点像体形变长了的蛾子。

许多科的**石蛾**幼虫都会建造巢，它们通常生活在非常清澈、没有多少淤泥的水体中。除了直接用沙砾制作简单的巢来作伪装，有的物种甚至能造出螺形的巢以增添伪装效果。

最为精妙的巢可能属于**等翅石蛾科Philopotamidae**的**等翅石蛾**。它们用丝线、藻类和沙砾建造独具匠心的巢，然后将其放置在水流中、石头边上或下面。幼虫在巢的最里面安全地躺好，然后吃掉被水冲进去的藻类碎屑和原生动物。

叶子是**石蛾**幼虫建巢最常用的材料。它们只需要很少的丝线就可以将叶子碎片粘到一起，而且在落满叶子的池塘底部，这样可以提供最大限度的伪装。这是**长角石蛾科Leptoceridae**的一种**长角石蛾*Triplectides* sp.**。成虫见对页图。

芦苇和木棍是**石蛾**幼虫建巢的其他常用材料。把这些材料编织和黏附到一起稍有难度，不过这种巢同样能非常完美地将石蛾幼虫隐藏在溪流的残渣中。随着幼虫的长大，它会建造更大的巢。

小石蛾科Hydroptilidae中有一些个头很小的石蛾。它们的翅边缘常长有长毛——这是因为它们的身体太轻了，边缘平滑的翅在扇动时会引起太大的扰动。这种小石蛾体长仅0.3 cm（0.1 in），再加上毛毛的翅，使得它看上去非常像一只小蛾子。

角石蛾科Stenopsychidae的角石蛾属*Stenopsychodes*中包含了一些分布在亚洲和澳大利亚的非常漂亮的石蛾种。体长1.8 cm（0.7 in）。

下图：枝石蛾科Calamoceratidae的双色苇枝石蛾*Anisocentropus bicoloratus*是澳大利亚最惹眼的石蛾种了。它们的幼虫生活在缓慢流动的溪流中用落叶制造的巢中。体长1.2 cm（0.5 in）。

六斑小石蛾*Aethaloptera sexpunctata*属小石蛾科**Hydroptilidae**。这个科包含有超过900种石蛾，基本上都有着光亮、无毛的翅，看起来非常容易与草蛉相混淆。体长2 cm（0.8 in）。

一种舌石蛾科**Glossosomatidae**石蛾的幼虫建造的石头巢。

一种来自北美洲的**沼石蛾科Limnephilidae**石蛾的幼虫制造的芦苇巢。

左图：舌石蛾科**Glossosomatidae**的莎草石蛾*Pycnopsyche* **sp.**是美洲的钓鱼人最熟悉的一种昆虫了。他们制作与这种**石蛾**非常相似的钓饵来诱鱼。

下图：**石蛾**大量产卵。这一团充满黏性物质的卵块在不久之后就会孵化，幼虫会向下掉进溪流中。

二十九、蛾子和蝴蝶

鳞翅目Lepidoptera

126科175 000种

　　蛾子和蝴蝶的识别并不需要大费周章。属于这个庞大的目的昆虫都有着两对翅，其上覆盖有鳞片，而不是只有毛。鳞翅目的拉丁学名源自古希腊语"lepis"（意为鳞片）和"pteron"（意为翅膀）。它们口器的一部分融合成了一根卷曲的管子，或称"喙"，而下唇须则通常保留着原有的样貌，有的还很大，像獠牙一样。有的蛾子，比如天蛾，会给非常深的管状花授粉，因此可能会有比身体长出数倍的喙。在大多数物种中，触角都比身体短得多，在雄性中还时常长成扇状或者羽毛状。蛾子和石蛾（前一章）亲缘关系密切，一些最原始的蛾子的科仍然有着像石蛾那样的咀嚼式口器。

小翅蛾科Micropterigidae，以图示的萨巴小翅蛾属*Sabatinca*物种为代表，是蛾类最古老的类群了，早在至少1.2亿年前就已经出现了。它们有着咀嚼式口器，而不是其他蛾子那样的喙。体长0.6 cm（0.2 in）。

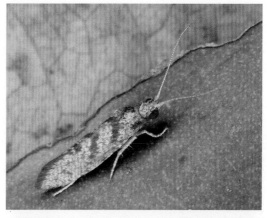

颚毛顶蛾科Agathiphagidae，又称贝壳杉蛾科，是另一个比较原始的蛾类的科，其成员也有着咀嚼式口器。它们的身体结构与石蛾相似，它们也确实是从共同的祖先演化而来的。这种来自澳大利亚的小蛾子生活在贝壳杉的球果上，是世界上该科仅知的两个物种之一。体长0.4 cm（0.15 in）。

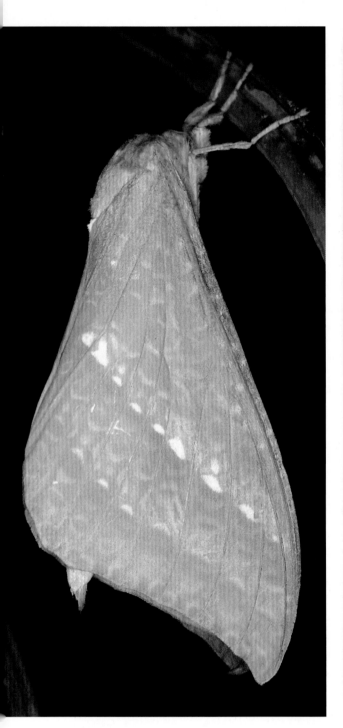
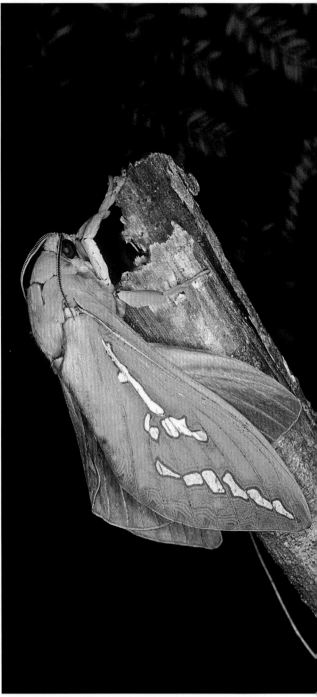

蝙蝠蛾科Hepialidae中的**蝙蝠蛾**，体形中型到大型，时常有令人惊叹的斑纹，不过比较少见。这是由于它们几乎不会被灯光吸引，而且成虫阶段的寿命只有短短的1天。在这段时间内它们必须找到配偶并产卵。幼虫在树根或树干中蛀食。左图是**奇蝙蝠蛾***Aenetus mirabilis*，体长6 cm（2.4 in）。右图是**亮斑蝙蝠蛾***Abantides hyalinatus*，体长5 cm（2 in）。两者均分布于澳大利亚。

蛾类中，从不起眼的小蛾子比如翅展仅仅0.3 cm（0.1 in）的**微蛾科Nepticulidae**成员，到翅展可达30 cm（12 in）的大蚕蛾，不同物种之间个体大小的变化是非常极致的。

一般来说，几乎所有的鳞翅目昆虫的幼虫都是吃植物的毛虫。大型的物种时常在开阔的地方取食，并在身体上长有伪装、警戒色或者刺激性、有毒的刺毛，以保护自己免受一般捕食者的攻击。然而，有一些非常专一性的捕食者或者寄生虫，比如马蜂、胡蜂和其他一些蜂类，并不会被这几种简单的保护策略阻挡。一些小型的毛虫时常生活在隐蔽的地方，比如潜叶就是一种主要的策略。在叶片的上下两层表皮之间躲藏相对来说还比较安全。仅有极少数的鳞翅目昆虫的幼虫是捕食性的，它们会捕猎一些昆虫，比如蚜虫。

鳞翅目昆虫的蛹通常为菱形，藏在地面以下的浅层中。有些蝴蝶的蛹会挂在树枝上，而有一些有毒性的物种则会把蛹挂在比较开阔的地方，还会长有警戒性的鲜亮斑纹。它们的蛹期在热带地区可以短至1周时间，不过在一些寒冷的地方会长达6个月。

成虫会访问花朵、吸食花蜜，以获取飞行所需的能量。它们的饮食中蛋白质的含量微乎其微，因此只能利用在幼虫期积累的蛋白质来帮助卵的生产。有的蛾子失去了口器，在成虫期什么东西也不吃，只依赖幼虫期积累下的营养为生。两性之间通过性信息素来互相吸引，雄性有很多不同形态的、可以翻出的、多毛并散发性信息素的器官。雄性蛾子的触角非常特化，只要一个气味分子被化学感受器探测到，这种来自异性的信号就能被它非常敏锐地感知。在一些蝴蝶中，斑斓的色彩也是非常重要的，在蝴蝶缠缠绵绵的求偶飞翔中，雄性会挥舞、展示它们美丽的翅膀。

伪装也是非常常见的策略，尤其在一些需要在白天隐藏自己的蛾子身上。很多的蝴蝶在翅膀的反面有一些枯叶一样或者其他隐蔽色的斑纹，这让它们合上翅膀休息时可以马上消失。

重要的问题来了：怎么区分蝴蝶和蛾子呢？

蝴蝶其实就是属于好几个科而且白天活动的蛾子。不过，我们也可以通过一些非常显而易见的特征区别它们，比如蝴蝶的触角是棒状的，末端呈球状膨大，而不是尖细。同时，蝴蝶在翅的基部也没有大多数蛾子像尼龙扣一样，用于在飞行时协调前后翅活动的翅缰。这也解释了为何蝴蝶的飞行时常比较缓慢、飘飘摇摇，而蛾子飞行则一般都比较快速而直接。然而，对于所有这些规律来说都是有特殊情况的，比如有几个科的蛾子在白天活动，还长着球棍状的触角，不过除此之外，它们不会集齐所有符合蝴蝶的特征。通过颜色和亮度来区分它们显然是不靠谱的，这本书接下来将告诉你，蛾子也会长得像蝴蝶一样闪亮又耀眼。因为已经有太多关于蝴蝶的书，而关于蛾子的还很少，本部分的内容将更加地聚焦于蛾类。事实上，蝴蝶确实也仅仅占了整个鳞翅目物种数量的大约11%。

按照一个大致的演化顺序，我们从长得很像石蛾的原始蛾类的科开始介绍，最后是比较高级的夜蛾等蛾类。蝴蝶会被专门放到一节里来介绍。

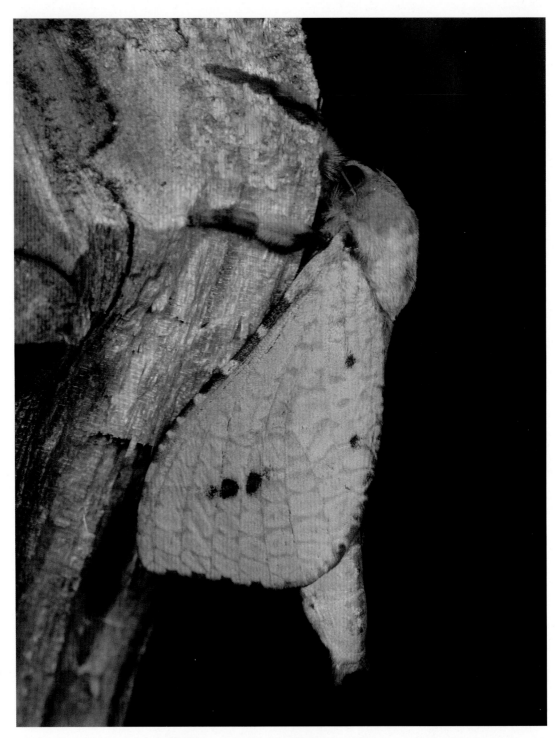

来自澳大利亚热带地区的一种**蝙蝠蛾***Aenetus scotti*，属蝙蝠蛾科**Hepialidae**，由于成虫寿命只有短短的一天而非常罕见。澳大利亚拥有全世界500多种蝙蝠蛾中接近四分之一的物种。体长5 cm（2 in）。

一只刚刚羽化的**蝙蝠蛾***Abantiades hydrographus*，是非常漂亮的**蝙蝠蛾**之一，来自澳大利亚西部。翅展12 cm（5 in）。

长角蛾科Adelidae的**长角蛾**包含约300个种，基本都是一些非常小却十分美丽的蛾子。一些夜晚活动的种体色暗淡，不过白天活动的种则有着闪耀的金属色鳞片。这是来自澳大利亚，属**长角蛾属***Nemophora*的两个种，体长均约0.6 cm（0.2 in）。

一种未鉴定的**长角蛾**，属**长角蛾科Adelidae**，在白天活动于新几内亚的高地雨林。它巨大的复眼是一种对白天活动习性的适应，这也意味着它们会通过视觉来寻找配偶。体长1 cm（0.4 in）。

闻名世界的**蓑蛾科Psychidae**的蓑蛾幼虫会制作非常精致的巢，在其保护下过着安全的生活。超过1 000种蓑蛾幼虫的巢的结构展现出非常高的多样性。一些种的雌性化蛹变为成虫后不会长出翅膀，而且会继续待在巢中，等待会飞的雄性前来寻找它们。

多么精巧的**蓑蛾**的木工作品！左图：来自澳大利亚的一种**蓑蛾Lepidoscia sp.**，长4.5 cm（1.8 in）；右图：来自新几内亚的"小木屋"，高1.8 cm（0.7 in）。

蓑蛾幼虫的巢的结构设计是无穷无尽的。左图：一种来自澳大利亚的物种制作的只含丝线和泥土的简单巢，长10 cm（0.4 in）。中图：一种许多叶子制造的巢，长约3.5 cm（1.4 in）。右图：来自新几内亚，用种壳和丝线制作的蜗牛形巢，高1.8 cm（0.7 in）。蓑蛾的成虫见下一页图。

前一页展现了蓑蛾幼虫巢的各种类型。一种蓑蛾 *Lepidoscia* **sp.**，其幼虫使用树棍制造巢。图示为该属成虫的典型相貌。体长 1.2 cm（0.5 in）。

黑透翅蓑蛾 *Hyalarcta nigrescens* 非常有趣，它的翅上完全没有鳞片。这是一只雄性成虫，而雌性成虫则完全没有翅，待在幼虫期制造的巢中。体长 1.2 cm（0.5 in）。

谷蛾科 Tineidae 有大约 3 500 个种，大多看起来都非常漂亮。这个科的俗称"**衣蛾**"是不大公平的，毕竟只有十来种谷蛾会毁坏我们的衣物。左图是**褐谷蛾** *Edosa* **sp.**，体长 1 cm（0.4 in）。右图是来自澳大利亚的另一种**谷蛾** *Moerarchis clathrata*，体长 1.5 cm（0.6 in）。

这些暗淡的小蛾子及其幼虫在世界各地引起了人们的烦恼。下图中的**幕谷蛾** *Tineola bisselliella*，会取食各种天然纤维，尤其是羊毛，属于会毁坏衣物的十来种谷蛾之一。体长 0.6 cm（0.3 in），生活在黑暗的衣柜中。

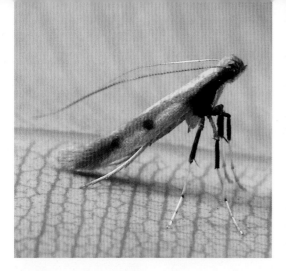

细蛾科Gracillariidae的**细蛾**是一类非常小的蛾子，停歇时有着独特的姿态。在野外，它们停歇的姿态在识别时非常重要。左上图是来自澳大利亚的**丽细蛾***Caloptilia* **sp.**；左下图是另一种来自新几内亚的细蛾。右上图是最奇怪的一种细蛾之一，形状非常像一条飞鱼。在大约2 000种细蛾中，大部分都是潜叶性的，它们微小的毛虫藏匿在叶子的两层表皮之间，取食柔软的叶肉组织（右下图）。

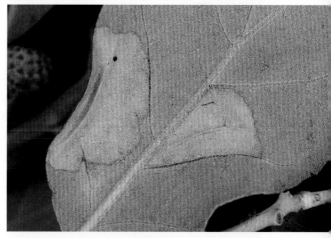

巢蛾科Yponomeutidae有约600个种，该科昆虫停歇的时候，翅会卷起呈管状。它们的幼虫时常在咬吃的叶子上面制作丝质的巢穴，藏匿其中。左图是一种**巢蛾***Yponomeuta* **sp.**，右图是一种**彩巢蛾***Atteva* **sp.**，均来自澳大利亚热带地区，体长均约1.2 cm（0.5 in）。

下面的3个科都属麦蛾总科Gelechioidea，可以从它们的下唇须（口器的一部分，是喙两侧各一根须状物）非常发达并向上弯曲，像獠牙一样这一点来识别，不过下唇须时常会被鳞片覆盖住。**织叶蛾科Oecophoridae**在澳大利亚的干旱地区很常见，很多种的幼虫喜欢取食落叶或动物粪便，包括考拉的粪便。**麦蛾科Gelechiidae**是该总科中最大的科，超过4 500种，生活方式多样，其中一些是水果的害虫。大多物种个头很小，体长0.8~1 cm（0.3~0.4 in）。

织叶蛾科Oecophoridae 3 300种中的约2 300种分布在澳大利亚。左图：一种取食桉树的**织叶蛾Wingia aurata**，体长1.6 cm（0.6 in）。右图：一种未知的**阿织叶蛾属Aristeis**的织叶蛾，其生活习性还未被知晓，体长1 cm（0.4 in）。

这些织叶蛾展示着该科的多样性。左上图是一种**织叶蛾Pseudaegeria phlogina**。右上图是一种来自澳大利亚北部岛屿的一种未鉴定织叶蛾，注意它獠牙一般的下唇须。左下图是**虹织叶蛾Habroscopa iriodes**。右下图是拟依格织叶蛾属**Pseudaegeria**的另一种织叶蛾，其形态模拟茧蜂。体长均约1.2 cm（0.5 in）。

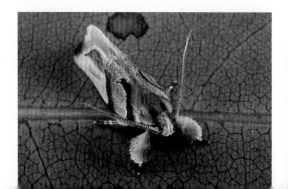

一种来自澳大利亚西部的**织叶蛾***Wingia lamertella*，另一种取食桉树的蛾。体长1.5 cm（0.6 in）。

尖翅蛾科Cosmopterygidae也是**麦蛾总科**中的一类，它们在停歇时头部向下，翅膀卷成筒状。上图中的两种都属拉尖翅蛾属*Labdia*，体长1 cm（0.4 in）。

麦蛾科Gelechiidae是麦蛾总科的代表类群，它们分布非常广泛，物种多样性也高，在世界上有超过4 500个种，大多数种的生活习性还不为人知。幼虫会生活在水果、种子、叶片之间或叶子内部，或者虫瘿之中。左图是来自澳大利亚的一种**麦蛾***Dichomeris ochreoviridella*，而右图是一种来自印度尼西亚个头非常小的麦蛾。

木蠹蛾科*Cossidae*的木蠹蛾体形一般都较大，大约有700个物种。它们的幼虫会在活的植物茎干或根部钻蛀。在植物内部生存两到三年后，木蠹蛾才会羽化飞走，在洞口处留下标志性的蛹壳。左图是来自印度尼西亚的**闪蓝斑蠹蛾***Chalcidica mineus*，体长7 cm（2.8 in）；右侧则是来自澳大利亚西部地区的**莱氏木蠹蛾***Cossodes lyonetii*，体长5.5 cm（2.1 in）。这两个绚丽多彩的物种，在大多色彩灰暗的木蠹蛾大家族中算是非常例外的了。

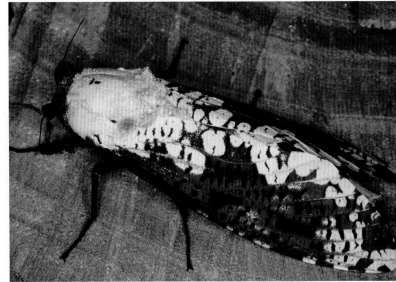

澳大利亚原住民对**木蠹蛾**非常了解。在沙漠中，人们从金合欢和其他各种树木的根部将木蠹蛾的幼虫挖出，作为非常好的蛋白质来源。原住民将其称为"witjuti"，现在这个名字已经被广泛用于这类体长7.5 cm（3 in）、可以吃的虫子。

白背斑蠹蛾*Xyleutes persona*是一种从澳大利亚至印度的雨林中都很常见的木蠹蛾。体长6 cm（2.4 in）。

卷蛾科Tortricidae的卷蛾有超过5 000个种。这些体形小型到中型的蛾类的幼虫通常会将叶片通过丝线连接到一起或者卷成筒状，然后从里面开始取食。其他一些物种则会吃种子、水果或枯叶。左图是一种**卷蛾***Goboea opisana*，右图是来自哥斯达黎加的一种有着色彩斑斓的翅的**奇卷蛾***Thaumatographa* **sp.**。体长均约1.2 cm（0.5 in）。

舞蛾科Choreutidae的舞蛾是一类小型的蛾类，有大约350个种。当被小型蛾类的主要捕食者跳蛛攻击时，很多属的舞蛾都会做出模拟雄性跳蛛的展示行为。它们会把翅膀用非常特别的方式张开（左上图），然后做出忽动忽停、像跳蛛一样的动作，然后逃之夭夭。有的种则有非常炫目的斑纹，在白天活动的时候展示出来，比如来自澳大利亚的两种舞蛾，**杠柳舞蛾***Choreutis periploca*（右上图）和**横纹闪舞蛾***Saptha libanota*（左下图），以及来自加里曼丹岛的另一种舞蛾（右下图）。体长均为0.8~1 cm（0.3~0.4 in）。

很多科的蛾子都会拟态蜂类以保护自己，其中**透翅蛾科Sesiidae**的**透翅蛾**是这方面的高手。约有1 000个种透翅蛾都有胡蜂一样的警戒色、细腰，以及透明的翅。它们在白天飞行，大多生活在热带地区，因为时常在树冠层的花朵周围活动而不大容易见到。这里展示的几种透翅蛾，分别是来自欧洲的一种**透翅蛾**
Chamaesphecia sp.（顶部左图）和**蜂形透翅蛾***Sesia apiformis*（顶部右图），拟态姬蜂、翅膀透明的**拟姬蜂透翅蛾***Bembecia ichneumoniformis*（左图），以及来自北美洲的一种**透翅蛾***Osminia* sp.（右图）。体长均为2~3 cm（0.8~1.2 in）。

雕蛾科Glyphipterigidae是一个非常小的科，其成员访问花朵并传粉，有大约400个种。这里展示的是来自澳大利亚的一种斑雕蛾*Glyphipterix* **sp.**，体长1 cm（0.4 in）。

蝶蛾科Castniidae是蛾类的另一个科，其白天活动的成员有着像蝴蝶一样的球棍状触角。幼虫取食草根。这是橙红雕蛾*Synemon jcaria*，体宽2.5 cm（1 in）。

翼蛾科Alucitidae又称多羽蛾科，其中的**翼蛾**有着非常多分枝的羽毛状翅膀。这个科非常罕见，只有约130个种。图示是一种**翼蛾***Alucita* **sp.**，体宽1.4 cm（0.6 in）。

草螟科Crambidae是一个非常大的科，其成员大多是夜晚活动的蛾类，不过也有例外。图中所示的这种来自新几内亚的草螟就在白天为花朵传粉。体宽2.5 cm（1 in）。

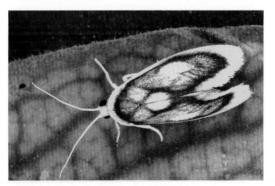

寄蛾科Lacturidae包含了约100个种小型蛾类，它们的翅上时常有警戒色构成的斑纹。图示是**白眼寄蛾**
Lactura leucophthalma，体长1.2 cm（0.5 in）。

寄蛾科Lacturidae和斑蛾比较近缘，不过大多数种不会在白天活动，而且分布范围主要在热带和亚热带地区。这种**花斑寄蛾Lactura suffusa**在榕树上繁殖，产自澳大利亚和新几内亚。体长1.2 cm（0.5 in）。

来自欧洲中部的**珍珠梅斑蛾Zygaena filipendulae**。注意它的斑纹与同种其他个体，以及其他物种之间的区别。

斑蛾的警戒色多变得出人意料，它们长成这样是为了向捕食者发出警告，不要轻易尝试吃它们有毒的身体。图示为**丽斑蛾Zygaena laeta**，体长1.4 cm（0.6 in）。

产自欧洲和亚洲的**珍珠梅斑蛾**_Zygaena filipendulae_。体长1.4 cm（0.6 in）。

来自欧洲的**彩斑蛾**_Zygaena fausta_，体长1.2 cm（0.5 in）。

来自澳大利亚的**金斑蛾**_Pollanisus cupreus_，体长1 cm（0.4 in）。

来自欧洲的**崔氏斑蛾**_Zygaena trifolii_，体长1.2 cm（0.5 in）。

一种来自印度尼西亚的**蓝色斑蛾**，体长1 cm（0.4 in）。

来自瑞典的**崔氏斑蛾**_Zygaena trifolii_的另一种色型，体长1.4 cm（0.5 in）。

蟆蛾科Pyralidae是蛾类中最大的科之一，有超过16 000个种。近些年，这个科得到了一些修订，原来的很多成员被划分到了原本还是一个亚科的草蟆科Crambidae中。为了避免产生争议，我们这里仍旧使用旧的、广义的蟆蛾科。很多蟆蛾在停歇时身体呈三角形，有着细长的足。斑蟆亚科Phycitinae的许多成员在停歇时会把翅卷成筒状。幼虫时常生活在叶片上，用丝线将叶片黏合成简单的巢。

一只典型的蟆蛾正摆出妙趣横生的姿态。这是来自澳大利亚的**帕氏绢蟆蛾***Palpita pajnii*，翅展2.5 cm（1 in）。

一种来自新几内亚的未鉴定**蟆蛾**，体形像"战斗机"一样。体长1.8 cm（0.7 in）。

一种来自马来西亚的**蟆蛾**。体长3.5 cm（1.4 in）。

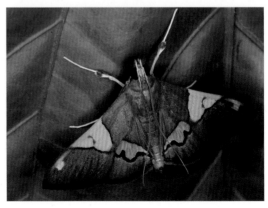

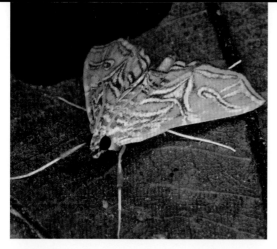

水螟亚科Phycitinae的幼虫时常在水下用落叶建造简单的巢。神奇的是，有的物种会潜到水下产卵。这个物种来自新几内亚，体长1 cm（0.4 in）。

对于螟蛾，这种姿态并不常见。其下唇须向前形成一个"喙"。来自哥斯达黎加，体长1.8 cm（0.7 in）。

斑螟亚科Phycitinae中包含几百个种，它们在休息时会把翅卷成筒状。大多数体色暗淡，不过这只来自新几内亚的斑螟色彩绚丽。体长1.5 cm（0.6 in）。

彩绢丝野螟Glyphodes stolalis分布于从印度到斐济的广大区域。它的幼虫取食榕树。体长3.5 cm（1.4 in）。

这种分布于印度尼西亚至澳大利亚、非常炫彩的螟蛾Vitessa zemire，正在向捕食者展示其警戒色。体长3 cm（1.2 in）。

尺蛾科**Geometridae**是非常大的一个科，有超过21 000种。其中的大多数成员都有非常容易识别的形态，体形扁平、翅向两侧平展，前翅要比后翅长得多。不过，也总是有例外。尺蛾的幼虫是典型的"尺蠖"，或者叫作"造桥虫"，它们的身体两端才有足，移动的时候背部拱起，像在做测量一样。尺蛾的幼虫都是在露天环境中吃叶子，有很多种都有着非常高超的拟态，像树棍、树枝或者叶片的纵脊一样。

一种来自哥斯达黎加的**尺蛾***Simena* **sp.**。这种蓝色和白色条带的颜色组合会被好多个科的不同蛾子所采用，成为一个拟态链，在其中只有一部分种是有毒的。体宽3 cm（1.2 in）。

产自欧洲的**豹斑尺蛾***Pseudopanthera macularia*在白天活动，与蝴蝶一起，为花朵传粉。体宽2.5 cm（1 in）。

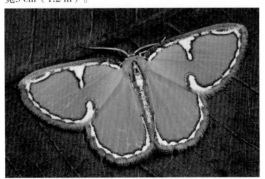

忆亚四目绿尺蛾*Comostola cedilla*产自澳大利亚和新几内亚的雨林中。体宽2 cm（0.8 in）。

来自新几内亚和印度尼西亚高海拔地区的一种**尺蛾**。体宽4 cm（1.6 in）。

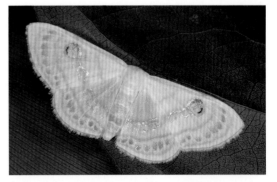

来自新几内亚和澳大利亚的一种**尺蛾***Problepsis apollinaria*。白色和银色在昆虫中是非常罕见的颜色。体宽2.5 cm（1 in）。

典型的**造桥虫**的姿势。这些毛虫在移动的时候会先向前伸展，然后再将身体拱起。

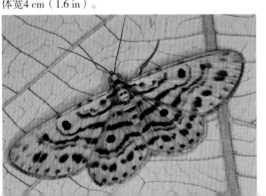

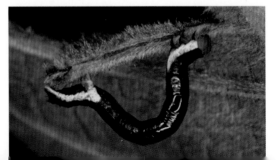

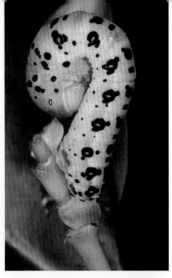

这种虎尺蛾**Dysphania numana**又被称作**四点钟蛾**，因为成虫时常在午后比较活跃。它们分布于印度尼西亚至澳大利亚，其非常炫目的"问号"形幼虫取食雨林中的植物。蛾子体宽达8 cm（3.2 in）。

左上图展示的是一种典型的**尺蛾**，带青尺蛾*Anisozyga fascinans*，它毛茸茸的发香器完全伸展，让性信息素在风中飘向远处。右上图是一种比较怪异、翅并不平展的**尺蛾***Arcina fulgorigera*，它来自澳大利亚西部，体长1.8 cm（0.7 in）。左下图是一种来自马来西亚的丸尺蛾*Plutodes malaysiana*，当它停歇在叶片上时，翅面上的斑纹与叶子上的病斑如出一辙。右下图是**普氏穿孔尺蛾***Corymica pryeri*，来自新几内亚。

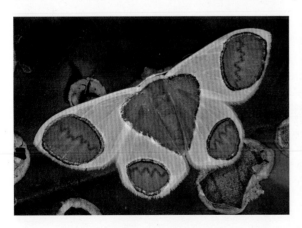

刺蛾科**Limachodidae**的刺蛾化蛹时会建造蛋形的丝质茧。它们更加为人所知的是各种各样的幼虫，被称作"活辣子""洋辣子"，或者"刺毛虫"等。这些幼虫身上长着非常多的毒刺，像海葵的触手一样，触摸后会造成剧烈的疼痛。

刺蛾的幼虫总是能吸引很多关注。它们大多绿色，还会长有各种各样的警示斑纹，这意味着它们身上的刺和毛在尖端都带毒性。这些刺毛中含有能引起过敏反应的组胺，以及引起剧烈疼痛的其他一些化学物质。左图来自厄瓜多尔，右图来自澳大利亚，体长均约2.5 cm（1 in）。

有非常多毒刺的一种**刺蛾**幼虫，来自新几内亚，体长3 cm（1.2 in）。

一种漂亮的**刺蛾**成虫，体形粗壮而多毛。体宽2.4 cm（1 in）。

当**刺蛾**幼虫受到威胁时，会翻出这样的一团白色刺毛。这些刺毛不仅外表，其毒性也让我们联想到海葵。这是来自澳大利亚的**环刺蛾***Doratifera* **sp.**，体长2 cm（0.8 in）。

来自澳大利亚雨林的一种**刺蛾***Anaxidia* **sp.**，体长2.4 cm（1 in）。

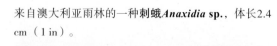

燕蛾科Uraniidae有700个种，其中一类是大型、美丽且白天活动的蛾子，另一类是体形小、长相古怪、夜间活动的蛾子。燕蛾亚科Uraniinae中有很多种是白色的，也有许多个体非常大、颜色炫丽、像蝴蝶一样的种，它们大多都分布于热带地区。其幼虫露天生活在其取食的植物叶片上。

一些燕蛾的美丽比蝴蝶还有过之而无不及。南美洲是燕蛾属Urania蛾类的家园。上图展示的是一群雄性燕蛾聚集在河边的黏土上吸食液体以获取所需的矿物质。体宽10 cm（4 in）。

点缘五带燕蛾Urapteroides astheniata是一类身体白色、与蝴蝶相似，有时在后翅上还有短短的尾突的燕蛾大家族的一员。来自新几内亚，体宽4.5 cm（1.8 in）。

这种卷起翅膀的姿态在大约1/3的燕蛾种中出现。这是来自澳大利亚内陆的一种燕蛾Phazaca interrupta。体宽2 cm（0.8 in）。

这是蝴蝶还是蛾子？这种非常大的**锦燕蛾**Alcides metaurus，来自澳大利亚东部热带地区。有的时候，它们会以非常大的数量出现在雨林中，在各种藤本植物上繁殖。体宽7 cm（2.8 in）。

这种巨大的燕蛾属**大燕蛾属**Lyssa，这个属的种分布于澳大利亚至印度尼西亚。它们在夜间活动，经常被光源所吸引。体宽11 cm（4.4 in）。

在倍率很高的微距镜头下，任何昆虫都能展现出不同寻常的特质。这只枯叶蛾科Lasiocampidae的物种看上去都不像蛾子了，而是更像一头牛，这也显示出该科成员身上非常多毛。图中，后面反射着亮光的结构是它的翅。体宽4.5 cm（1.8 in）。

黄枯叶蛾Trabala ganesha也属枯叶蛾科Lasiocampidae。来自加里曼丹岛，体宽4 cm（1.6 in）。这个科有超过1 500个种。它们在停歇的时候姿态多样，而这种后翅超出前翅的奇怪样子是比较典型的。

这是枯叶蛾科Lasiocampidae蛾类的另一类停歇姿势。图中可见这类蛾子被称作"长鼻蛾"的原因。这是一种枯叶蛾Pararguda sp.，体长2 cm（0.8 in）。

二十九、蛾子和蝴蝶　　325

蚕蛾科**Bombycidae**是一个仅有350个种的小科，其成员都是身形粗壮的蛾子，其中最著名的就是**蚕蛾**，因为能产生用于制作茧的丝，被人工饲养而闻名。除此之外，另一些蛾子幼虫也能产生质量非常棒的丝，比如**大蚕蛾科Saturniidae**的**大蚕蛾**。

家蚕*Bombyx mori*早在5 000年前就被中国人驯化饲养，它在野外已经完全消失了。毛茸茸的家蚕成虫从左下图所示的饲养室中爬出来，饲养室中央是茧，其内有蛹。商业上将这些缠绕在蛹外部的丝线一点一点地解下来，这就是养蚕业的主要工作。

一种来自哥斯达黎加的**野蚕*Epia* sp.**，也属**蚕蛾科Bombycidae**。大多数的蚕蛾科物种都有这种卷曲的翅膀、深色的花纹，并生活在热带森林中。体宽3.5 cm（1.4 in）。

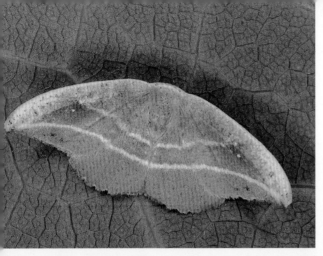

钩蛾科Drepanidae包含大约650种蛾子，大多数成员的前翅尖端都有如图所示这样的短钩。顶部左图是来自澳大利亚的**褐钩蛾***Astatochroa fuscimargo*。上图是来自澳大利亚东部雨林地区的一种不同寻常、独一无二的**红斑钩蛾***Hypsidia erythropsalis*，体宽3.5 cm（1.4 in）。

像刺蛾科一样，**澳蚕蛾科Anthelidae**幼虫的名气也比漂亮的成虫要大。这些幼虫大多都长满了长毛，被碰到之后会释放引起强烈过敏反应和皮疹的组胺，如果弄到眼睛里更是不堪设想。这个科的90个种只分布在澳大利亚和新几内亚。左右两图都是同一种**澳蚕蛾Anthela sp.**，蛾子体宽4.5 cm（1.6 in），毛虫体长6.5 cm（2.4 in）。

绒蛾科Megalopygidae的成员只分布在美洲，成虫身体有很多绒毛，而幼虫在英文中被称作"猫咪毛虫"，这听起来有些奇怪，不过它们确实是蛾子幼虫中最怪异的种类了。这是一种**美洲绒蛾Trosia sp.**，成虫体长2.5 cm（1 in），毛虫体长4 cm（1.6 in），来自哥斯达黎加。

大蚕蛾科**Saturniidae**的**大蚕蛾**又称**天蚕蛾**，是一类非常大又美丽的蛾子，约有1500个种。世界上最大的蛾子就属于这个科。很多种的翅膀都由棕色、黄色和金色组成，有的还有非常有趣的斑纹和醒目的眼斑。幼虫又大又肥，体色亮丽，身上经常有发达的毛簇。成虫一般不吃任何东西，寿命很短。

前一页，上图：澳大利亚的赫拉克勒斯大蚕蛾是"世界第一大蛾子"这一名号的有力竞争者，前提是按照翅的表面积竞争，最高纪录达到了360 cm²（56 in²），其翅展为25 cm（10 in）。前一页，下图：**眼大蚕蛾属** *Automeris*的大蚕蛾的幼虫，来自厄瓜多尔，体长11 cm（4.4 in）。

上图：来自澳大利亚的**赫拉克勒斯大蚕蛾***Coscionocera hercules*的幼虫，它已经长到了此生最大的个头儿。

欧洲最美丽的昆虫之一，**西班牙月蛾***Graellsia isabellae*，分布在西班牙至瑞士的针叶森林中。体宽8 cm（2.8 in）。

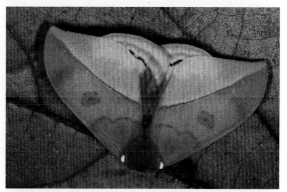

大蚕蛾中很多种的雄性后翅都有非常长的尾突。这是一种来自加纳的**阿格斯大蚕蛾***Eudaemonia argus*，体宽7 cm（2.8 in）。

这是来自厄瓜多尔的**玉米大蚕蛾***Automeris zozine*，其非常醒目的眼斑可以用来吓退潜在的捕食者。体宽7 cm（2.6 in）。

这是来自哥斯达黎加的一种**大蚕蛾***Rothschildia orizaba*，翅宽22 cm（8.5 in）。

上图：白色在昆虫中十分少见，这也使得这只充满异域风格的**大蚕蛾**幼虫更加地特别了。来自厄瓜多尔，体长8 cm（3.2 in）。

对页图：**彗星大蚕蛾***Argema mittrei*来自马达加斯加东部雨林，是最为神奇的大蚕蛾之一。它飞行缓慢，长长的尾突摇曳生姿。体宽、长均为16 cm（6.4 in）。

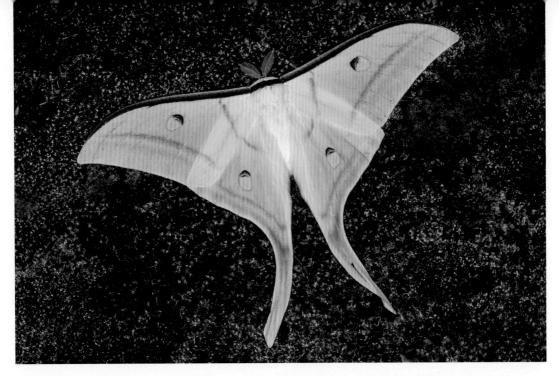

绿尾大蚕蛾*Actias selene*的分布范围从印度至印度尼西亚。这张照片摄于泰国北部。体宽14 cm（5.6 in）。

月形大蚕蛾*Actias luna*是北美洲最大且最吸引人的蛾子之一。它肥胖的幼虫吃各种各样的植物，包括赤杨、桦树、榆树和柳树。翅展11 cm（4.4 in）。

天蛾科**Sphingidae**的**天蛾**非常独特，它们的身体看上去非常强壮且呈流线型，它们也确实能非常快速地飞行。世界上有超过1 200种天蛾，它们主要分布在热带和亚热带地区。天蛾的幼虫要么体色暗淡，要么长有警戒色。有的幼虫还有非常醒目的眼斑，还会仰起身体来展示。天蛾的幼虫总是在后方长着一根"角"一样的小尾巴。

真正的蜂鸟只分布于美洲。不过**长喙天蛾属***Macroglossum*的"蜂鸟蛾"生活在欧洲和亚洲的广大地区，从爱尔兰直至日本。它们振翅非常快，在飞行时发出响亮的"嗡嗡"声。它们用非常长的喙伸到花朵深处以吸取花蜜。这个属的大多数种都在白天活动。体长2.5 cm（1 in）。

这种翅膀很短、飞行很快的**巴布亚绒绿天蛾***Angonyx papuana*，来自新几内亚，体长4 cm（1.6 in）。

天蛾幼虫身上大多都有着非常醒目的警戒色，而且总是在身体后方长着一根"角"一样的小尾巴。来自新几内亚，体长8 cm（3.2 in）。

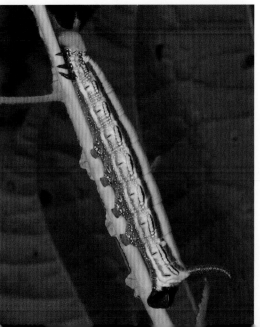

天蛾停歇时的姿态有两大类，一种是上图所示的这种将翅向两侧水平展开，另一种则是前一页中比较紧凑的三角形姿势。这里展示的两个物种个头儿都很大。左图是来自哥斯达黎加的达里天蛾*Adhemarius dariensis*，体宽12 cm（4.8 in）。右图是来自新几内亚的草鹰翅天蛾*Ambulyx phalaris*，体宽14 cm（5.6 in）。

左图：来自哥斯达黎加，拟态枯叶的原鹰翅天蛾*Protambulyx strigilis*，体宽13 cm（5.2 in）。右图：**波翅天蛾*Proserpinus proserpina***，其幼虫取食蜀葵和千屈菜。体宽5 cm（2 in）。

鬼脸天蛾*Acherontia lachesis*在古代的欧洲给人们造成了不少恐惧。它还有一种特别的习性，那就是袭击蜜蜂的巢穴来偷取蜂蜜。体长5 cm（2 in）。

大戟白眉天蛾*Hyles euphorbiae*是生物防治的英雄物种，因为它们会吃掉欧洲的一种杂草：**乳浆大戟** *Euphorbia esula*。

在马达加斯加一片刚刚被大雨淋透的森林中，一只**天蛾**在湿润的落叶层中完美地将自己隐藏了起来。体长3.5 cm（1.4 in）。

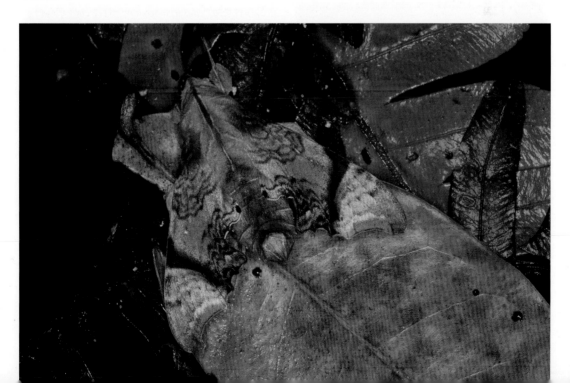

舟蛾科**Notodontidae**的成员是中到大型的蛾子，通常粗壮而多毛。它们的幼虫形态多变、非常有趣，有一般的毛茸茸的样子，也有特别奇怪、龙虾一样的长相。世界上有大约2 800种舟蛾，它们的多样性主要集中于温暖的气候带。

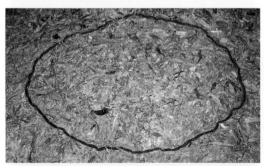

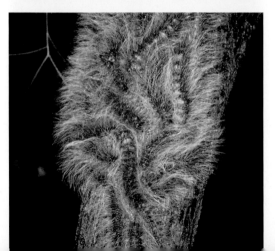

典型的**舟蛾**，身体前方有着毛毛的"发型"，翅面上覆盖着又大又粗糙的鳞片。这是来自澳大利亚热带地区的一种**舟蛾**Cynosarga ornata，体长2 cm（0.8 in）。

这里讲个故事。这种**行军毛虫**是澳大利亚的传奇性物种。它们是**黄腹舟蛾**Ochrogaster lunifer——又称丝袋舟蛾的群居性幼虫。它们的幼虫群体数量非常大，通常生活在篱笆上，在夜晚藏匿于丝质的袋子中。吃完一棵树的叶子后，它们会头对尾、一头一头地排成长队，开始"行军"。不过万一领头的毛虫走错了方向，不小心跟到了最后一头的后面，就会形成一个靠着本能不断移动的环，最后这些毛虫全都死在里面。它们另一个比较有名的特点就是身上那些会引起严重瘙痒和过敏反应的长毛。哪怕是那些残留在蜕下来的老皮上的旧毛都是很危险的。它们非常多毛的成虫见下一页。

对页图：**黄腹舟蛾**Ochrogaster lunifer成虫的放大图。体长3 cm（1.2 in）。

所有的规律都会有例外。这种**舟蛾**拟态枯叶，而不是通常的那种有着粗大鳞片又毛茸茸的样子。来自伯利兹，体长2 cm（0.8 in）。

多斑二尾舟蛾*Cerura multipunctata*的幼虫有着非常充分的防御手段。幼虫在被打扰时，会从尾部伸出两条丝状突起，并喷出蚁酸。摄于澳大利亚，体长3 cm（1.2 in）。

龙虾舟蛾*Stauropus fagi*又称苹蚁舟蛾，广布于北半球。下图摄于德国。受到攻击时，这种舟蛾的幼虫会拱起身体的后半部分并扭来扭去，虽然它并不能造成什么实质性的伤害。体长6.5 cm（2.6 in）。

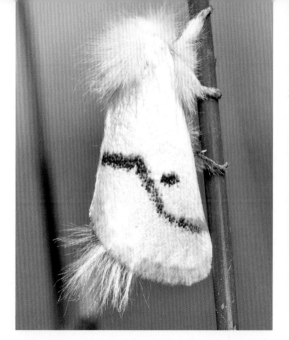

白色是昆虫中比较少见的颜色，因此白色的昆虫总是值得一提。左图是来自澳大利亚、在桉树上繁殖的一种**舟蛾**_Epicoma zelotes_，体长约2.2 cm（0.9 in）。右图是来自南非的一种**舟蛾**，体长4.5 cm（2.8 in）。

这种**班克木舟蛾**_Psalidostetha banksiae_的幼虫长得可能没有**龙虾舟蛾**（前一页）那么狂野，不过它仰起头部的姿态也有着类似的警示作用。图中幼虫真正的头部其实是最前端米黄色的部位。来自澳大利亚西部，体长7 cm（2.9 in）。

直到最近，**夜蛾科Noctuidae**才成为蛾类中最大的科，其中包含着数十个亚科，它们与其他一些比较独特的科关系很近。现代的分子生物学家正在对这个大类群进行修订，而目前的结果倾向于将其中一些类群划分为独立的科，特别是包含了比较古老、形态特征清晰的**裳蛾科Erebidae**。本部分介绍的内容中，会应用旧的**夜蛾科Noctuidae**的划分，此外还有**毒蛾科Lymantriidae**和**灯蛾科Arctiidae**。为了方便读者获取更多的信息，书中主要以旧的分类系统为主，同时也会提供新的划分方法。

毒蛾科Lymantriidae的毒蛾现在被归入了新成立的**裳蛾科Erebidae**的**毒蛾亚科Lymantriinae**中。

毒蛾全身长满了毛，比舟蛾还多。这里展示的是一种来自新几内亚的毒蛾，体长3 cm（1.2 in）。

一种来自马来西亚的**毒蛾**在翅上长出了"窗口"。体宽2.5 cm（1 in）。

在微距镜头下，一种来自澳大利亚的**毒蛾**展示出一层一层的毛状鳞片是怎样覆盖在它身体各部分上的。它看上去就像一只英国牧羊犬一样，实在不像是一只蛾子了。这是一种**毒蛾Iropoca sp.**，体长3 cm（1.2 in）。

毒蛾科Lymantriidae的成员通称**毒蛾**。它们的身体上通常有直立的长毛簇。顶图是来自澳大利亚西部的**台毒蛾** *Teia athlophora*，上图是另一个来自加里曼丹岛的物种。上图中蓝色的球状物可不是它的双眼，而是一簇感觉毛。体长均约4 cm（1.6 in）。

灯蛾科Arctiidae的灯蛾现在被归入了新建立的裳蛾科Erebidae的灯蛾亚科Arctiinae。它们大多数都有非常鲜明的警戒色，有些则拟态胡蜂，在白天飞行。它们的幼虫会取食有毒的植物，然后将有毒物质储存在体内直至成虫。世界上约有6 000种灯蛾，与之相近的原来属拟灯蛾科Aganaidae的约100个种，现在被划分到了拟灯蛾亚科Aganainae中。

彩鹿蛾属*Euchromia*包含着许多长有警戒色的物种，分布于东南亚至澳大利亚。图中物种摄于新几内亚，体宽4 cm（1.6 in）。

马来苔蛾*Cyana malayensis*也属于灯蛾的一种，它们时常被其他蛾类模拟。来自马来西亚，体长2.8 cm（1.1 in）。

哥斯达黎加是很多拟态胡蜂的**灯蛾**的乐园。有了警戒色的保护，有的拟态者就不需要真的有毒，因为很多灯蛾都是有毒的。这是一种**拟蜂灯蛾***Halysidota tassellaris*，体宽2.5 cm（1 in）。

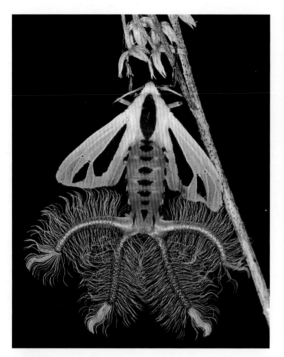

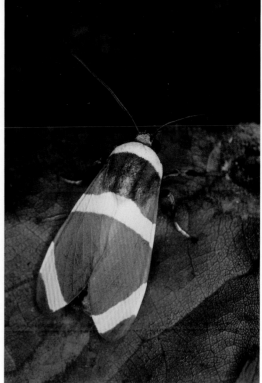

这只蛾子腹部神奇而多毛的"尾巴"是发香器——雄性灯蛾通过血淋巴的压力，从腹部末端挤出来的一种构造。这些长毛能够帮助散发性信息素，以吸引雌性前来交配，但这种场面很罕见。这是**黑条灰灯蛾** *Creatonotos gangis*，摄于澳大利亚。成虫身体长2.5 cm（1 in）。

一种来自厄瓜多尔的**灯蛾** *Amaxia* **sp.**，体长1.5 cm（0.6 in）。

一种来自哥斯达黎加的**灯蛾**长有简单却十分引人注目的斑纹。这是一种**灯蛾** *Viviennea* **sp.**，体长3 cm（1.2 in）。

热带地区并没有被那些有着鲜艳斑纹的蛾子所垄断。这对正在交配的**车前灯蛾** *Parasemia plantaginis* 就是一种比较晦暗的蛾子。摄于欧洲，体长2 cm（0.8 in）。

从演化的角度上来看，蛾子翅膀上的斑纹在相近的物种之间总是有着一定的联系。有时，哪怕是非常老道的观察者也会被一些原创的翅面"艺术"所惊呆。这是一只来自哥斯达黎加的**灯蛾***Halysidota* **sp.**，体长3.5 cm（1.4 in）。

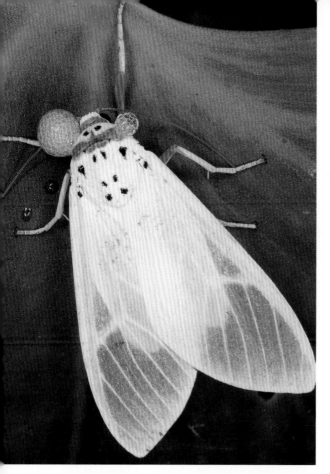

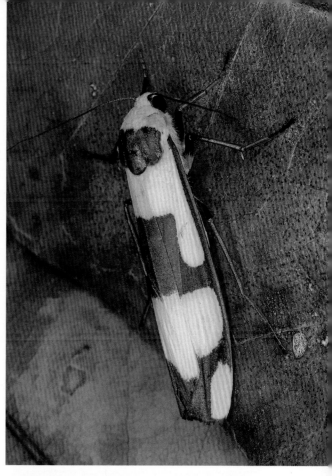

大多数灯蛾亚科Aganainae的蛾子都是有毒性的，有一些甚至会直接分泌出这种球形的吡啶酮类生物碱液滴来增强防御。这是来自澳大利亚和新几内亚的**红足灯蛾Amerila rubripes**，体长3.5 cm（1.4 in）。

灯蛾亚科中的一些物种长得像这样短粗而紧凑，同时还有着醒目的警戒色。摄于新几内亚，体长1.5 cm（0.6 in）。

这种**奥苔蛾Oeonistis delia**产自印度尼西亚至新喀里多尼亚，它在地衣上繁殖。体长3 cm（1.2 in）。

来自哥斯达黎加的一种**灯蛾Ormetica sp.**。体宽3.5 cm（1.6 in）。

除了**透翅蛾科Sesiidae**的透翅蛾之外，**灯蛾**中也有几百种拟态胡蜂的物种，尤其是在南美洲和东南亚等地区。图中是一种来自厄瓜多尔的**拟蜂灯蛾***Cosmosoma* **sp.**，体长2.5 cm（1 in）。

左图和右图是来自泰国的两种灯蛾，左图中正在交配的一对像极了胡蜂。

这头"毛熊"一样的昆虫是**灯蛾幼虫**，身上有着非常鲜明的色彩，这是对捕食者的警示：它们身体内储存着由植物获取的毒性物质，身上还有刺激性的长毛。这是来自北美洲的**伊莎贝拉灯蛾**_Pyrrharctia isabella_，体长4 cm（1.6 in）。

另一种拟蜂**灯蛾属**_Cosmosoma_（见前一页）的拟态胡蜂、翅面透明的**灯蛾**。来自哥斯达黎加，体长1.8 cm（0.7 in）。

伊达灯蛾属_Idalus_包含了很多产自中南美洲的灯蛾。图中这头灯蛾摄于哥斯达黎加的高海拔森林。体长2.5 cm（1 in）。

来自伯利兹，长有很多斑的一种**灯蛾**_Hypercompe_ **sp.**，体长3 cm（1.2 in）。

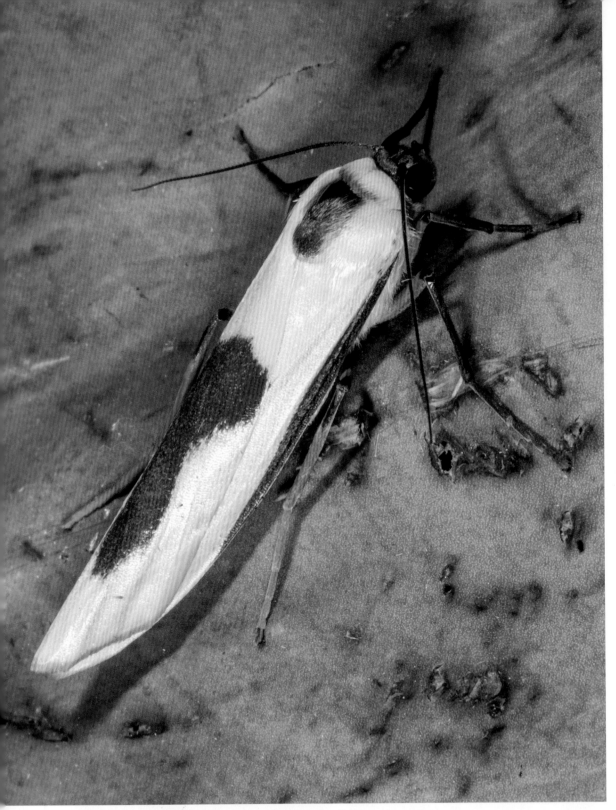

来自新几内亚高海拔地区云雾森林的一种未鉴定**灯蛾**。体长2 cm（0.8 in）。

瘤蛾科**Nolidae**曾经也属于非常大的广义夜蛾科**Noctuidae**。该科在世界上包含
1 400个种。

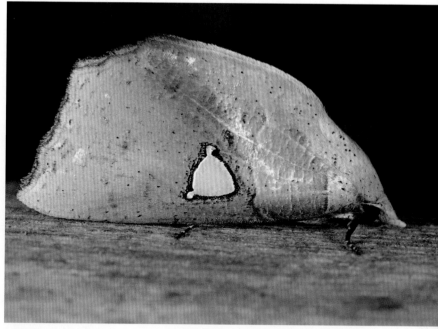

瘤蛾科**Nolidae**典型的休息姿态是像图中这样的三角形，不过总是会有一些奇怪的例外。左图是来自马来西亚
"典型"的四斑张瘤蛾*Chandica quadripennis*，体长1.5 cm（0.6 in）。右图是一种来自澳大利亚，拟态枯叶的
瘤蛾，体长2 cm（0.8 in）。

妆瘤蛾*Ariola coelisigna*也是一种典型的**瘤蛾**，来自新
几内亚和澳大利亚，体长1.5 cm（0.6 in）。

一种不太容易被发现的**瘤蛾**，它身上的斑纹就像被雨水
淋过的画作，让它能够在新几内亚高地森林中潮湿的落
叶层上完美地隐藏了起来。体长1.6 cm（0.7 in）。

前文中介绍的广义的夜蛾科在近些年被拆分成了很多部分，原来的一些亚科被提升到了科的地位，其中最大的一个科之一是**裳蛾科Erebidae**。除了一些原有的夜蛾科特征之外，它们还有着一些其他科没有的特征。要想对这些类群进行更加深入的了解，我们必须关注到各方面的特征。拆分之后，仍然留在**夜蛾科Noctuidae**中的一些成员包含了世界上最严重的害虫类群，比如黏虫、棉铃虫、地老虎等。不过，大多数夜蛾其实都是无害的，有的甚至还长得很漂亮。在这个大类群的分类系统尘埃落定、得到完善之前，我们还没有办法给出准确的夜蛾科物种数目。

广义的**夜蛾科Noctuidae**中有一部分属于**虎蛾亚科Agaristinae**。大多数的虎蛾物种都有着鲜亮的斑纹，白天活动，少数虎蛾还是各种核果和葡萄的害虫。左图是来自非洲肯尼亚的**桃虎蛾*Egybolis vaillantiana***，体宽3.5 cm（1.4 in）。右图是一种来自新几内亚的未鉴定虎蛾，体宽3.5 cm（1.4 in）。

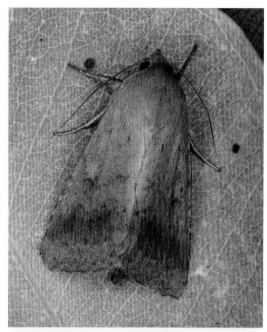

这些蛾子长相平平，但却代表了农民最惧怕的一类害虫。它们在世界范围内造成粮食的大量减产。顶部左图是**棕地老虎***Agrotis munda*；顶部右图是**棉铃虫***Helicoverpa armigera*；左图是**禾灰翅夜蛾***Spodoptera mauritia*。以上三种蛾子体长均约2 cm（0.8 in）。右图是**烟夜蛾***Heliothis punctigera*的幼虫，这个阶段也是它们为害作物的时期。世界各地都有类似它们的一些物种。

二十九、蛾子和蝴蝶　353

来自新几内亚和澳大利亚的一种**夜蛾***Alypophanes iridocosma*。体宽2 cm（0.8 in）。

来自哥斯达黎加的一种未鉴定的种，属**夜蛾科Noctuidae**。它在叶片上停歇，看上去似乎在拟态鸟粪。体宽2 cm（0.8 in）。

广义夜蛾科中最大的一个亚科：**裳夜蛾亚科Catocalinae**
现在被移到了**裳蛾科Erebidae**中。这类物种体形中型到大
型，有着两类典型的栖息姿态，分别是顶部两张图所示的
尖锐的三角形，以及下面两张图所示的平伸状。顶部左
图的裳夜蛾来自新几内亚，右边的**枭宇夜蛾***Avatha bubo*
则来自马来西亚，体长均约3 cm（1.4 in）。左上图是
紫黯目裳蛾*Speiredonia mutabilis*，右上图是一种目夜蛾
Donuca orbigera，均来自澳大利亚，体宽5 cm（2 in）。

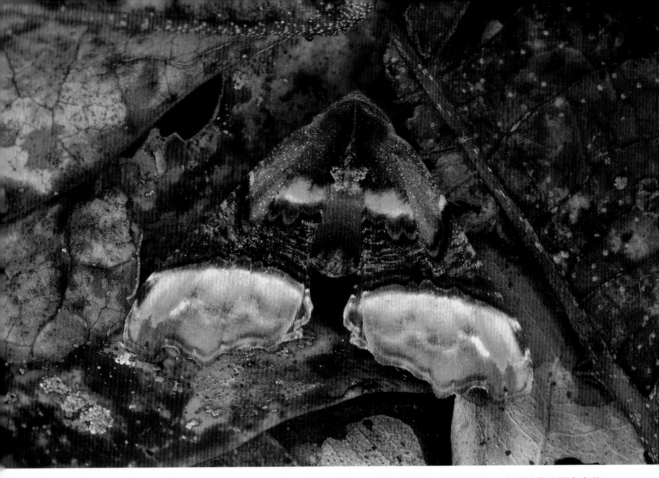

许多被从夜蛾科移到裳蛾科Erebidae的蛾子都是伪装大师。上图是一种来自哥斯达黎加、在雨林落叶层中完美隐藏的裳蛾，而下图是一种来自澳大利亚、在白天隐藏于地衣之间的裳蛾*Epicyrtica metallica*。

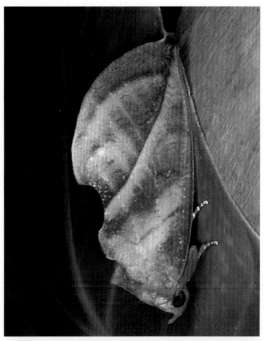

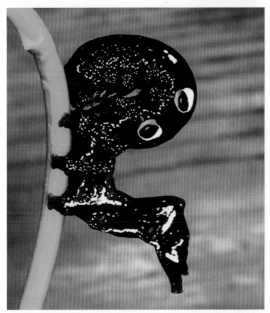

从夜蛾科Noctuidae移到裳蛾科Erebidae的蛾类中还有一类是叶裳蛾，或者叫吸果蛾。它们由于异常美丽而反转了蛾类的常态，哪怕是幼虫也非常漂亮（左下图）。成虫有着坚硬的长喙，可以刺破果实吸取汁液。顶部左图是葵裳蛾Rusicada revocans正在刺吸橘子，右边是很漂亮却有时是害虫的黄褐艳叶夜蛾Eudocima aurantia。

本部分最后介绍的蛾子充满了猎奇感。夜蛾一般都有能够接收到蝙蝠的超声波的"耳朵"，以便它们采取行动逃脱。口哨夜蛾Hecatesia exultans雄性则会发出它们自己的超声波来吸引雌性，而雌性在25 m（80 ft）之外就能听到。摄于澳大利亚，体长2 cm（0.8 in）。

二十九、蛾子和蝴蝶　　357

蝴蝶

　　在前文中对蛾类介绍时已经提到过，蝴蝶和蛾子的差别，并不会比不同的蛾子各科之间的差别要大。蝴蝶是**鳞翅目Lepidoptera**中7个科的种的通称，一般而言，可以通过一系列特征与大多数蛾类的科相区分，比如触角末端膨大、呈球棍状，飞行时前、后翅不连锁，以及在白天活动等。这些特征虽然在一些蛾子中也会偶尔出现，不过从来不会集中在同一种蛾子上。蝴蝶又被分为两个总科——仅包含**弄蝶科Hesperiidae**的**弄蝶总科Hesperoidea**，还有包括其他科的**凤蝶总科Papilionoidea**。

弄蝶科Hesperiidae——世界上的弄蝶大约有3 500种。

这种来自厄瓜多尔的**约弄蝶*Jemadia pseudognetes***正在丛林中的一个池塘边吸食液体。体长4 cm（1.6 in）。

一种来自加里曼丹岛的非常美丽的**绿脉弄蝶属*Pirdana***的弄蝶。体长2 cm（0.8 in）。

大多数的**弄蝶**体色都比较暗淡、个头儿也不怎么大，体长1.5 cm（0.6 in）左右。不过，一些热带的种时常又大又美丽。这是产自澳大利亚的**黄斑黑弄蝶**_Euschemon rafflesia_，体长2.5 cm（1 in）。

这是来自厄瓜多尔，**尖蓝翅弄蝶属**_Mysoria_的一种大型弄蝶，它正在吸食泥巴地里富含矿物质的液体。体长2.5 cm（1 in）。

与其他蝴蝶相比，**弄蝶**一般长得都比较"短胖"，有着大大的复眼。它们较短的翅膀拍动时更加迅速，所以能够更快和更稳定地飞行。这是来自澳大利亚西部的**锯弄蝶**_Anisynta sphenosema_，体长1.5 cm（0.6 in）。

一种来自亚马孙地区的**弄蝶**_Cabirus sp._，有着非常明显的斑纹。体宽2.5 cm（1 in）。

蛱蝶科**Nymphalidae**的蛱蝶有超过6 000个种。

蛱蝶的身体小型到中型，大多数分布在北半球。左图是摄于波兰的**优红蛱蝶***Vanessa atalanta*，而右图是摄于马来西亚的**翠兰燕蛱蝶***Junonia orithya*。体宽均约2.5 cm（1 in）。

左上图：来自欧洲的**大理石条纹粉蝶***Melanargia galathea*。右上图：来自墨西哥的**蛤蟆蛱蝶***Hamadryas amphinome*，它从正面看是蓝色的，但反面却是红色。左下图：来自肯尼亚的**森林舟蛱蝶***Bebearia senegalensis*。右下图：来自新几内亚的一种**丽蛱蝶***Parthenos* **sp.**。

来自南非的**园珍蝶**_Acraea horta_。注意其透明的前翅。体宽4.5 cm（1.8 in）。

红涡蛱蝶_Diaethria clymena_，因翅上特别的斑纹又称"八十八蛱蝶"。来自中南美洲，体长2 cm（0.8 in）。

来自厄瓜多尔的**孔雀石蛱蝶**_Siproeta stelenes_，体高4 cm（1.6 in）。

来自北美洲的**拟斑蛱蝶**_Limenitis arthemis_，体高3.5 cm（1.4 in）。

约有300种**绡蝶**分布于美洲。它们非常美丽而难以捉摸，扇动翅膀时时而出现、时而消失。这是来自墨西哥的**透翅绡蝶属***Greta*中的一种。翅长3 cm（1.2 in）。

来自哥斯达黎加，**亮绡蝶属***Hypoleria*的另一种绡蝶。翅长3 cm（1.2 in）。

另一类蝴蝶，绡眼蝶也有着透明的翅膀。这是来自哥斯达黎加，一个**绡眼蝶属***Cithaerias*的种正在吸食腐烂的水果。体长3.5 cm（1.4 in）。

蛱蝶科**Nymphalidae**的釉蛱蝶亚科**Heliconiinae**有着大约600个种，分布于美洲。大多数种在停歇的时候都会将翅膀平展开，它们的前翅都非常狭长。上图是来自哥伦比亚的**伊鲁袖蝶***Heliconius eleuchia*，下图是**艺神袖蝶***Heliconius erato*。这一类蝴蝶有着非常极致的拟态性，艺神袖蝶这一个种就有多达28个亚种，分别与**红带袖蝶***Heliconius melpomene*的28种拟态型一一对应。体宽均约4 cm（1.6 in）。

蛱蝶科**Nymphalidae**在北美洲和太平洋东岸的一些区域最著名的物种，可能要数黑脉金斑蝶*Danaus plexippus*了。它在秋季会进行大规模的迁徙，从加拿大南部飞到墨西哥。它们的幼虫（右图）吃大戟科植物马利筋，并将其毒素储存起来，以保护自己。

孔雀蛱蝶*Inachis io*是欧洲最漂亮的蝴蝶之一。在休息的时候，它会将翅膀合起来，但一旦受到威胁，就会展开翅膀，露出非常醒目的眼斑以吓退入侵者，同时还会发出"嘶嘶"声。

图中是**帛斑蝶属Idea**的成员，是最大的蛱蝶。这类蝴蝶生活在亚洲热带地区，翅展可达16 cm（6.5 in），飞行缓慢，时常会在森林上方或内部滑翔。

锯蛱蝶**Cethosia cydippe**所在的属包含约20个种，分布于澳大利亚至印度。体宽6 cm（2.4 in）。

问号勾蛱蝶**Polygonia interrogationis**因其后翅近中部反面有一个小小的银色问号形斑纹而得名。

闪蝶往往被认为是世界上最美丽的蝴蝶。一只闪蝶在阳光照耀的雨林溪流旁飞翔，是多么奇幻的景象。在停歇时，闪蝶会将翅膀合起来，金属蓝色的正面就完全消失了（左图）。这只闪蝶属**闪蝶属** *Morpho* sp.，体宽10 cm（4 in）。好几个来自热带美洲的闪蝶种在野外都从未被观察到过在停歇时展开翅膀，因此我们只能通过观察博物馆收藏的标本（右图）来了解它们翅正面的一些不同。

蛱蝶科 Nymphalidae 大多数物种的翅膀反面都是类似这样的。这是来自哥斯达黎加的一种**蛱蝶** *Magneuptychia* sp.。

来自加里曼丹岛的一种**玳蛱蝶** *Tanaecia* sp.。这类蝴蝶时常在雨林地面吸食掉落的水果。

粉蝶科**Pieridae**的粉蝶有大约1 100个种。

红襟粉蝶*Anthocaris cardamines*分布于欧洲直至日本。

来自澳大利亚的黑斑粉蝶*Delias nigrina*。

除了白色之外，**粉蝶**最常见的颜色是深黄色，尤其是在**黄粉蝶属***Eurema*的70来个种中。这是一种来自马来西亚的黄粉蝶。

菜粉蝶*Pieris rapae*——在世界各地为害十字花科植物的菜青虫的成虫。

来自肯尼亚的**珂粉蝶***Colotis ione*，一种在大多是橙色翅尖的一类粉蝶中脱颖而出的美丽蝴蝶。

白色粉蝶中白得最纯净的蝴蝶之一，**条纹小粉蝶***Leptidea sinapis*，分布于欧洲。它连复眼都是白色的。

分布于印度直至日本的**鹤顶粉蝶***Hebomoia glaucippe*。翅展4.5 cm（1.4 in）。

很多蝴蝶，尤其是雄性粉蝶，都喜欢在潮湿的地方聚集以吸取盐分和其他营养。这被称作"趋泥行为"。这里展示的是印度尼西亚的**迁粉蝶***Catopsilia pomona*。

灰蝶科Lycaenidae的灰蝶有大约6 000个种。

有的灰蝶翅反面有着浓重的铜绿色光泽，比如这只来自加纳的**灰蝶Aloeides sp.**。

产自欧洲的**伊眼灰蝶Polyommatus icarus**翅正面是深蓝色的，但反面和大多数灰蝶一样，有着很多隐蔽性的斑纹，使其在停歇时方便躲藏。

这种**长尾灰蝶Hypokopelates sp.**是雄性，有着非常美丽而精巧的尾突的灰蝶类群之一。除了刚刚羽化出来的个体，大多数长尾灰蝶在森林中生活时，长尾巴都会或多或少地发生一些破损。来自加纳，加上尾突，体长3.3 cm（1.4 in）。

大多数灰蝶翅膀上的蓝色一般只出现在正面。反面要么颜色暗淡或者有大面积的斑纹，比如这种来自马来西亚的**斜斑彩灰蝶***Heliophorus epicles*。

线灰蝶*Thecla betulae*分布于欧洲和亚洲西部，只取食蔷薇科植物。

这只**眼灰蝶属***Zizina*的灰蝶非常直观地展现出蝴蝶卷曲的喙。蛾子的喙也有着相同的构造，不过会在一些部位覆盖有鳞片。

很多雄性蝴蝶对来自潮湿的土壤、水果和动物粪便中的盐分和其他营养物质有着强烈的需求。这是一只来自加里曼丹岛的**碧雅灰蝶***Jamides elpis*，在吸食新鲜的鸟粪。

在加里曼丹岛宽广、阴湿的龙脑香雨林中非常鲜明的居民之一，这种**剑尾灰蝶属*Jacoona***的灰蝶，加上尾突，体长2.5 cm（1 in）。

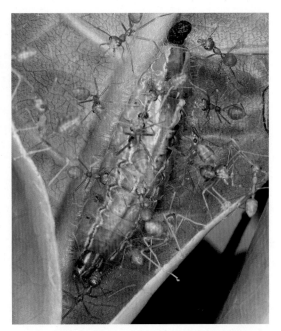

黄星绿小灰蝶*Callophrys rubi*是灰蝶科中少数绿色的成员之一。它分布于欧洲和亚洲的温带地区。体宽2 cm（0.8 in）。

就像杜立德医生的故事中的角色"你推我拉"美洲驼一样，这种双尾灰蝶*Spindasis lohita*仿佛长了两个头。它后面的"假头"长着长长的"触角"，比真的头部还要明显，捕食者攻击了"假头"后，它就能有足够的机会逃脱。

这种娆灰蝶*Arhopala micale*来自澳大利亚。这是灰蝶中非常多幼虫期与蚂蚁共栖的类群之一。它们会分泌出蚂蚁青睐的气味和糖分。作为回报，蚂蚁会保护这些幼虫，甚至会在夜间把它们带回巢穴中去。

斑貉灰蝶*Lycaena virgaureae*的翅面上有着非常极致的铜色光泽。体宽2.2 cm（0.9 in）。

来自澳大利亚西部的**娜灰蝶***Nacaduba* sp.。

一些时候，灰暗的外表下可能隐藏着出人意料的美丽。这是来自澳大利亚西部的**坎灰蝶***Candalides acasta*。

灰蝶属*Lycaena*是现代分类学鼻祖林奈在1761年命名的。这个属中第一个被命名的物种是产自欧洲的**罕灰蝶***Lycaena helle*。**灰蝶属***Lycaena*是昆虫学家法布里休斯在1807年命名的。这是来自欧洲的**罕灰蝶***Lycaena helle*。

凤蝶科Papilionidae的凤蝶有大约600个种。

世界上最为人熟知的凤蝶可能就是在北半球广泛分布的**金凤蝶*Papilio machaon***了。它漂亮的幼虫取食非常多种植物。成虫体宽5.5 cm（2.2 in），幼虫体长5 cm（2 in）。

凤蝶属*Papilio*有超过100种大型的蝴蝶，其中的大多数都是其产地的标志性物种。**美凤蝶*Papilio memnon***分布于印度至印度尼西亚。体宽12 cm（4.8 in）。

左图中，这只来自亚马孙地区的**罗氏长尾凤蝶***Protesilaus earis*正在溪边富含盐分和其他矿物质的泥地上吸食。右图是分布于印度至澳大利亚的**统帅青凤蝶***Graphium agamemnon*。

鸟翼凤蝶的个头儿非常大，它们的雄性非常美丽。这个类群中包含了世界上最大的蝴蝶物种，其中约34个物种在野外面临着灭绝的危险。上图是产自新几内亚和澳大利亚的**绿鸟翼凤蝶***Ornithoptera priamus*，体宽12.5 cm（5 in）。下图则是在马来西亚和印度尼西亚，由于森林被破坏而濒危的**红颈鸟翼凤蝶***Trogonoptera brookiana*，体宽13 cm（5.2 in）。

分布于印度至印度尼西亚的**玉盘青凤蝶***Graphium antiphates*是青凤蝶属*Graphium*中的一种蝴蝶。该属包含超过100个种。

一对正在婚飞的**白纹大凤蝶***Papilio aegeus*，上方是雄性。来自澳大利亚。

这种来自澳大利亚的**透翅凤蝶***Cressida cressida*可能不是最美丽的凤蝶，但绝对是很能抓住人的眼球的一种。在原产地，由于它们透明的翅膀看起来比较油腻，它被称作"大油蝶"。

南美洲有闪蝶，而澳大利亚有**天堂凤蝶***Papilio ulysses*，它在飞行时会展露出正面炫目的蓝色，而在停歇时，反面是灰暗的。体宽10 cm（4 in）。

接下来介绍最后一个、也是最有趣的蝴蝶的科之一。蚬蝶科**Riodinidae**通称蚬蝶。对它们进行描述好像不太容易，因为很多蚬蝶长得都非常像其他科的一些蝴蝶。与它们最近缘的类群是**灰蝶科Lycaenidae**的灰蝶，不过与灰蝶不同，蚬蝶的前足稍微退化、短小。在1 500个蚬蝶科种中，约有90%只分布在南美洲。

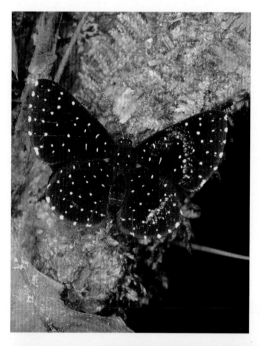

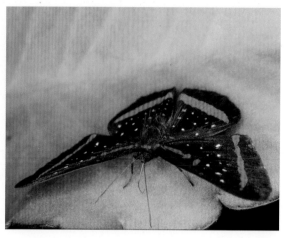

一些蚬蝶长着银色或其他金属光泽的斑点。左图是**星夜蚬蝶**Echydna punctata，体宽1.5 cm（0.6 in）。上图是**红纹星蚬蝶**Amarynthis meneria，体宽2.5 cm（1 in）。均来自厄瓜多尔。

来自哥斯达黎加的**麦塞美眼蚬蝶**Mesosemia messeis。体宽2.3 cm（1 in）。

来自巴西的**白条松蚬蝶**Rhetus periander正在阳光照射下的溪边植物上展示着自己的美丽。

莱蚬蝶属*Laxita*是少数几个不分布于南美洲的蚬蝶属之一。这种莱蚬蝶产自加里曼丹岛，体宽2.5 cm（1 in）。

这种纹蚬蝶*Charis gynaea*分布于哥斯达黎加的云雾森林。体宽1.4 cm（0.6 in）。

蚬蝶科中有些物种会出现"借来"的其他科的特征，比如这种沙蚬蝶*Saribia* **sp.**长得就非常像蛱蝶科**Nymphalidae**的蝴蝶，不过似乎在美丽上更胜一筹。来自马达加斯加，体长3 cm（1.2 in）。

三十、胡蜂、叶蜂、蚂蚁和蜜蜂

膜翅目Hymenoptera

约100科120 000种

膜翅目在昆虫的演化历史中是一个非常有趣的类群。它被分为两个亚目。

通称叶蜂，其中约10%的物种属于古老的**广腰亚目Symphyta**。这些蜂类没有标志性的"蜂腰"，大多数是植食性的，而不是捕食性或寄生性。它们的幼虫长得如同毛虫，在它们取食的植物上生活，时常群集在一起，如果受到攻击会呕吐出食物或者一些不受欢迎的化学物质以寻求保护。它们的雌性都有锯子一样的产卵器，可以用来将植物组织割开、将卵产在安全的植物内部。这类昆虫已经出现长达2.5亿年了。

另一个亚目是**细腰亚目Apocrita**，包含了各种寄生蜂、蚂蚁和蜜蜂等。大多数这些蜂类腹部的第一节都会变得非常细，形成典型的"蜂腰"。超过一半的细腰亚目蜂类都是寄生性的，将卵产在其他昆虫的幼虫、蛹或者成虫，甚至是卵的体内。有些寄生卵的寄生蜂是世界上最微小的昆虫，体长仅0.17 mm（0.008 in），肉眼都几乎看不见了。最大的蜂类是捕食性的**土蜂科Scoliidae**物种，体长达6 cm（2.4 in）。因为大多数寄生性物种最终会杀死寄主，而且几乎终生不会离开其赖以为生的后者，寄生蜂其实不是真正的"寄生性"昆虫，将它们称为"拟寄生性"昆虫似乎更为合适。大多数的寄生蜂在寄主将死的时候会离开，在其身体外部化蛹，并用丝质的茧将自己保护起来。

细腰亚目中比较晚演化成的约40科中，雌性的产卵器（并不是所有物种）特化成了一根含有毒液的螫针。这种适应性使得很多物种能够聚集成大型的社会性群体以共同保卫巢穴，也使得能够支持很多世代的大型巢穴得以形成。蚂蚁、蜜蜂和一些胡蜂是最典型的例子。除此之外，它们还演化出了不同的品级（阶层）。其他一些科的蜂类，如**泥蜂科Sphecidae**的成员仍是独居性的。胡蜂属于真社会性昆虫，它们的群体中会有一只蜂后，而有群体共同建造的巢穴往往在一年中是一次性的。这些类群的蜂类既会捕捉和杀死猎物，又表现出拟寄生性。

有花植物出现的年代不会早于1.35亿年。它们在大约1亿年前的白垩纪时期经历了一次物种大爆炸，而依赖植物的花蜜并为它们传粉的昆虫，也在发生着复杂的物种分化。蜜蜂类就是这种协同演化的结果。有着7个科、超过20 000个物种，蜜蜂有着社会性或半社会性的生活方式，不过大多数还是独居。被人类驯化、传播到世界各地了的**蜜蜂 Apis mellifera**仅仅是这其中的一个物种。

广腰亚目**Symphyta**通称叶蜂，有大约10 000个种。

筒腹叶蜂科**Pergidae**是叶蜂类中最大的科。筒腹叶蜂属***Perga***的幼虫是群居性的。图中所示，一群筒腹叶蜂的幼虫生活在澳大利亚的桉树上，通过扭来扭去、吐出从食物中提取的难闻的液体来保护自己。成虫体长2 cm（0.8 in），幼虫体长3 cm（1.2 in）。

产自欧洲的一种**锤角叶蜂***Abia sericea*，取食茴香叶。体长1.2 cm（0.5 in）。

这种金属蓝色的**叶蜂***Trichorachus* **sp.**，属三节叶蜂科**Argidae**。图中可以看到它用于取食花蜜的长口器。来自澳大利亚，体长1.5 cm（0.6 in）。

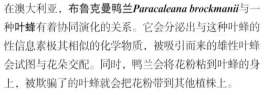

在澳大利亚，**布鲁克曼鸭兰***Paracaleana brockmanii*与一种叶蜂有着协同演化的关系。它会分泌出与这种叶蜂的性信息素极其相似的化学物质，被吸引而来的雄性叶蜂会试图与花朵交配。同时，鸭兰会将花粉粘到叶蜂的身上，被欺骗了的叶蜂就会把花粉带到其他植株上。

雌性**叶蜂**会用"锯子"一样的产卵器将叶片割开，然后在叶片组织内部产卵。雌性会在原地保护孵化出来的幼虫，直到它们的化学防御足够强大。体长1.8 cm（0.7 in）。

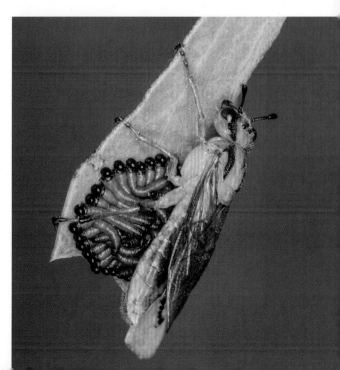

对细腰亚目Apocrita的介绍，将从寄生蜂开始，这其中包括了大约50 000个种。这其中大部分的成员身体较小或微小，不过有两个科的寄生蜂体身体中型、非常显眼，包括了超过40 000个种的姬蜂科Ichneumonidae和茧蜂科Braconidae。"寄生虫"这个词在人们眼里可能是贬义的，不过这些寄生蜂的寄生生活完全只局限在种类繁多的昆虫世界中。同时，寄生虫可以推动生态系统的演化和构成。如果没有了它们，我们的世界会被其他的昆虫淹没，这里面包括那些我们最担忧的害虫。

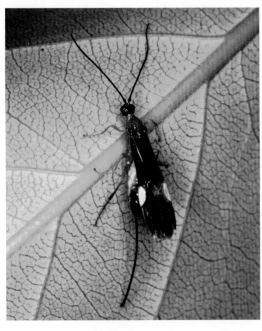

一种非常惹眼的**凸脸茧蜂Chaoilta sp.**，产自东亚。它们寄生在木头里钻蛀的吉丁幼虫。

姬蜂科Ichneumonidae的姬蜂时常会访问花朵。大多数姬蜂成虫都能飞，无论它们的"正当工作"是什么，都会在新鲜的花朵上停留、吸取花蜜，用于为飞行肌肉供能。

这种欧洲的**马尾姬蜂**正在将长长的产卵器插入树皮，在其中寻找甲虫幼虫寄生。注意其向上伸出的结构其实是产卵器鞘。属**姬蜂科Ichneumonidae**，不包括产卵器鞘，体长2 cm（0.8 in）。

另一个相近的科，**举腹蜂科Aulacidae**的雌性会将很长的产卵器插到木头的缝隙间，寻找甲虫幼虫寄生。

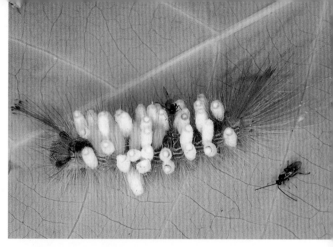

庞大的**茧蜂科Braconidae**中的**丽茧蜂属*Callibracon***的成员是寄生蛀木甲虫幼虫的专家。体长1.4 cm（0.6 in）。

微小的**茧蜂**从丝质的茧中化蛹并羽化钻出。这些茧附着在被从内部吃掉的毛虫身上。

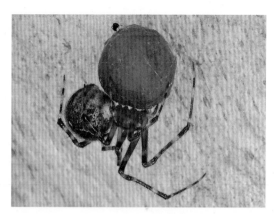

一种体形微小的**茧蜂**。这一类蜂有的会造成植物的虫瘿，有的则寄生甲虫的幼虫。体长0.3 cm（0.12 in）。

看一看身体大小能有多悬殊。这只本就不大的园蛛的卵囊上，钻出了一只**广肩小蜂科Eurytomidae**的寄生蜂。体长仅1 mm（0.04 in）。

褶翅蜂科Gasteruptiidae的褶翅蜂会将腹部高高举起。该科超过500个种会进攻蜜蜂和一些独居性蜂类的巢穴，它们的幼虫会取食后者的卵和幼虫。下面展示了两种褶翅蜂，左图是**澳洲褶翅蜂*Pseudofoenus* sp.**，体长1.5 cm（0.6 in）；右图是一种**褶翅蜂*Gasteruption* sp.**，体长2 cm（0.8 in）。

寄生类Parasitica蜂类物种一般体形都非常小，不过有一些长着非常长的产卵器，可以让它们够得到隐蔽的寄主。接下来的几页将简要地介绍这些非常重要的生物防治昆虫，它们属于细蜂总科Proctotrypoidea和小蜂总科Chalcidoidea中的大约35个科。

长尾姬蜂科Megalyridae有着最长产卵器的记录。它们的产卵器可达身体的8倍长。顶图是一种长尾姬蜂 *Megalyra* sp.，不包括产卵器，体长0.4 cm（0.15 in）。上图则是绿腹细蜂科Scelionidae的物种，专门寄生埋在土中的蝗虫卵。体长仅0.3 cm（0.1 in）。

蚁小蜂科Eucharitidae的成员们非常特殊，有着延长而纤细的"蜂腰"。它们在植物上产卵，孵出来的幼虫会附着在蚂蚁身上，然后被带回蚁巢。在蚁巢中，蚁小蜂幼虫寄生在蚂蚁幼虫身上。左图的蚁小蜂体长0.4 cm（0.16 in），右图的蚁小蜂体长则为0.2 cm（0.08 in）。

蚁小蜂科Eucharitidae的一种蚁小蜂，体长0.3 cm（0.12 in）。

姬小蜂科Eulophidae的长柄姬小蜂*Hemiptarsenus* **sp.**，专门寄生潜叶的蛾子和蝇类幼虫。体长0.3 cm（0.12 in）。

跳小蜂科Encyrtidae的跳小蜂专门寄生蜡蝉和蚜虫，体长0.3 cm（0.12 in）。

金小蜂科Pteromalidae的扁腹长尾金小蜂*Pycnetron* **sp.**则专门寄生象甲。体长0.3 cm（0.12 in）。

姬小蜂科Eulophidae的一种姬小蜂*Diaulomorpha* **sp.**，专门寄生潜叶的蛾子幼虫。体长0.2 cm（0.08 in）。

旋小蜂科Eupelmidae包含1 000个种，生活习性多样。它们寄生甲虫、蜂、螳螂和其他一些昆虫。体长0.4 cm（0.16 in）。

金小蜂科**Pteromalidae**的糙刻金小蜂*Semiotellus* **sp.**。该属被广泛用于生物防治，尤其针对危害农作物的蓟蚊等害虫。体长0.2 cm（0.08 in）。

长尾小蜂科**Torymidae**的螳小蜂*Podagrion* **sp.**专门寄生螳螂的卵鞘。形状奇怪、长满锯齿的扩大后足是这个科的鉴别特征之一。体长0.4 cm（0.16 in）。

无花果（榕果）是一类奇怪的果实，它们的花朵藏在隐头花序的内部，需要非常特殊的授粉程序才能结出果实。这种程序由**榕小蜂科Agaonidae**的**榕小蜂**来完成。榕树的隐头花序有一个开口，雌性榕小蜂（左图）会从这个开口钻进去，用来自其初生的榕果的花粉为新的花朵授粉。它在这个榕果内产卵并死去，孵化出的幼虫就在榕果内取食并化蛹。雄性榕小蜂（右图）长得匪夷所思，只有四条腿、没有翅，会与新羽化的雌性交配，然后挖出一条通道，让雌性得以钻出榕果。雄性交配后会立即死掉。还有一些其他蜂类会在榕果内取食或者寄生榕小蜂，不过它们都与这种精妙的协同演化关系无关。底部的图片展示的是一群**金小蜂科Pteromalidae**的**缩腹金小蜂**Apocrypta **sp.**正在将它们细长的产卵器插到榕果里，以寄生榕小蜂。

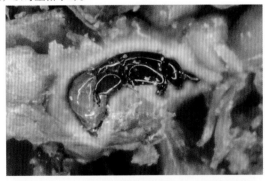

广腹细蜂科Platygasteridae的蝽卵广腹细蜂 *Trissolcus basalis* 专门寄生蝽卵，被用于对稻绿蝽——一种世界各地都有分布的蔬菜害虫进行生物防治。体长0.15 cm（0.06 in）。

小蜂科Chalcidae的成员都有着标志性的粗壮后足和黄黑相间的条纹。它们寄生蛾子和蝴蝶的幼虫，通常在这些幼虫准备化蛹的时候钻出来。这是一种**大腿小蜂** *Brachymera* **sp.**，体长0.7 cm（0.3 in）。

长尾小蜂科Torymidae的成员并不寄生昆虫，而是"寄生"植物。它们会向植物内注入一些化学物质，诱导其形成一个虫瘿，长尾小蜂的幼虫在里面安全地取食。来自新几内亚，体长1 cm（0.4 in）。

青蜂科Chrysididae约有3 000个种，其中包含着一些世界上最美丽的蜂类。它们的俗名很多，比如青蜂、杜鹃蜂或宝石蜂。不过在国外，**杜鹃蜂**这个名字更为常用，因为它们会入侵其他蜂类，尤其是泥蜂、方头泥蜂、蜜蜂和叶蜂的巢穴。它们的幼虫会吃掉这些巢穴中的卵、幼虫以及储存的食物。适应于入侵非常具有攻击性的蜂类的巢穴的那些青蜂，能够将自己卷成非常牢固的球形以进行防御。

一只微小的**青蜂**正趴在泥蜂的旧巢穴上。它可能就是从这个泥蜂的巢穴中羽化出来的。它身上闪耀的金属光泽是由体表一些能够反射光线的多层晶体结构所产生的。来自马达加斯加，体长0.5 cm（0.2 in）。

这种**红尾青蜂***Chrysis ignita*专门寄生**切叶蜂**。切叶蜂是独居性蜂类，它们会建造许多个只有一只幼虫的巢。这种**青蜂**广泛分布于欧洲和亚洲，从英国、俄罗斯直至日本。体长0.8 cm（0.3 in）。

这种**大绿青蜂***Stilbum cyanurum*是最大的**青蜂**之一，体长2 cm（0.8 in）。它会入侵大型的泥蜂巢穴。

来自马达加斯加的另一种小型**青蜂**，体长0.4 cm（0.16 in）。

青蜂属*Chrysis*的一种体形较小的青蜂，来自加纳利群岛。体长0.8 cm（0.3 in）。

这是来自欧洲、有着炫丽色泽的**盾青蜂***Chrysis scutellaris*。体长0.8 cm（0.3 in）。

一种来自澳大利亚的青蜂。大多数青蜂都生活在干燥地区，因为这也是它们的寄主，比如泥蜂时常出现的地方。这是一种**突背青蜂***Stilbum* **sp.**，体长1.5 cm（0.6 in）。

这种来自波兰的**大青蜂***Parnopes grandior*也比一般长度1.2 cm（0.5 in）的常见青蜂要大得多。它会以类似"鸠占鹊巢"的方式入侵沙蜂的巢穴。

胡蜂总科Vespoidea中包含着各种大型、美丽而被人熟知的蜂类，包括胡蜂、马蜂和蛛蜂等，分属大约12个科。这些蜂类大多都有黄色、黑色和棕色相间的图案，大多数还有螫针。它们的生活习性有捕食性、寄生性和访花性。蚂蚁和很多蜂类亲缘关系很近，因此也被划分在这一类群之中。把蚂蚁除外，胡蜂总科中包含了大约15 000个种。

蛛蜂科Pompylidae的**蛛蜂**有大约5 000个种，它们寄生或大或小的蜘蛛。

蛛蜂是中型至大型的健壮蜂类。它们会用剧毒的螫刺将蜘蛛麻痹，然后将其空运或拖拽到洞穴中，蛛蜂的幼虫就在里面享用猎物。如果蜘蛛个头儿太大，蛛蜂会把一些多余的部分比如足切掉。上图：一只来自塔斯马尼亚的蛛蜂正在拖拽蜘蛛，体长2.2 cm（0.9 in）。下图：一只来自加里曼丹岛的蛛蜂正在肢解蜘蛛，体长3 cm（1.2 in）。

上图：一种来自澳大利亚、个头很大的**隐唇蛛蜂** *Cryptocheilus* **sp.**，体长4 cm（1.6 in）。

来自厄瓜多尔的一种非常美丽的金属色**蛛蜂**。注意它亮橙色的触角。在攻击蜘蛛时，它会振动触角来分散蜘蛛的注意力，防止后者进入更好的防御姿态。

这种**蛛蜂**来自哥斯达黎加，是捕猎捕鸟蛛的蛛蜂之一。体长3.5 cm（1.2 in）。

刺臀土蜂科Thynnidae（过去属于**钩土蜂科Tiphiidae**）的雌性刺臀土蜂没有翅，而雄性既有翅，个头也更大。同样喜欢访问花朵，但体形更大的是**土蜂科Scoliidae**的土蜂。

在刺臀土蜂的交配过程中，会飞的雄性会将无翅的雌性抓起，将后者牵引着访问许多花朵。这可以让雌性获得很多糖分，以供产卵所需。离开雄性后，雌性会在地表或者灌木<u>丛</u>中爬行，寻找金龟子的幼虫产卵寄生。雄性体长2.5 cm（1 in），雌性0.8 cm（0.3 in）。

一只无翅的雌性刺臀土蜂摆出一种醒目的姿势，等待着有翅的雄性将其抱起，然后在飞行中进行交配。

一只体形较大，浑身沾满晨露的雄性**刺臀土蜂** ***Thynnus*** **sp.**。来自澳大利亚，体长3 cm（1.2 in）。

这些访花的**钩土蜂**的大小和斑纹在两性之间表现出极大的差异性，这使得从单一性别鉴定一个物种非常困难。这些蜂类的两性可以是几乎完全一样（上一页），比较相似（左图），或者完全不同（中图和右图）。这种体形上的巨大差异是比较常见的。这些正在交配的雄性钩土蜂体长3 cm（1.2 in），而雌性只有0.6 cm（0.2 in）。

多么怪异的一只蜂。这是**半刺臀土蜂属***Hemithynnus*的一种钩土蜂的雌性，它的个头儿一点也不小，还有着粗壮的上颚。体长1.6 cm（0.6 in）。

与钩土蜂相近的**土蜂科Scoliidae**的土蜂也包含许多个头儿很大、多毛且长有强壮上颚的物种。这是来自澳大利亚的一种**土蜂***Guerinius* sp.，体长3 cm（1.2 in）。

蚁蜂科Mutilidae的蚁蜂又被称作**丝绒蚁**。这个科的雄性有翅，雌性没有翅，生活在地面上而且有着坚硬的外骨骼。它们会入侵很多独居性蜂类的巢穴，然后寄生其内生活的幼虫。全世界大概有3 000种蚁蜂，它们的雌性有着非常醒目的警戒色，因为其螫刺会造成非常严重的疼痛而为人所知。

这只雌性**蚁蜂**的身体有着非常坚固的外骨骼。在入侵独居蜜蜂的巢穴时，这层防御就显得非常有效。这是一种来自澳大利亚沙漠的**蚁蜂***Ephutomorpha formicaria*，体长1.4 cm（0.6 in）。

来自马达加斯加的一种**蚁蜂**，体长1.2 cm（0.5 in）。

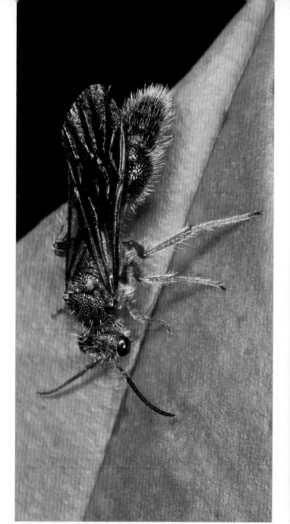

左图是有翅的雄性蚁蜂，体长1.8 cm（0.7 in）。右图是无翅的雌性蚁蜂，体长1.4 cm（0.6 in）。下图则是另一种有着鲜明斑纹的雌性蚁蜂，体长1.2 cm（0.5 in）。均来自新几内亚高海拔地区，在这里的雨林深处，科学家们仍在不断地发现神奇的未知物种。

科幻电影的道具组工作人员大概能从这只长满毛刺的**蚁蜂**幼虫身上得到一些灵感吧。来自厄瓜多尔高地雨林，体长1.5 cm（0.6 in）。

胡蜂科Vespidae包含很多形态特别而经典的蜂类，分属5~6个亚科。**马蜂亚科 Polistinae**的成员通称马蜂，而**胡蜂亚科Vespinae**的成员通称胡蜂。这两类蜂都是真社会性，也就是说在木纤维制作的纸质巢穴中有着一只专门进行繁殖的蜂后，以及一大群不能繁殖的雌性工蜂。在欧洲，巢穴中的大量工蜂在冬天死去，而越冬的蜂后在下一年的合适季节又会建立起新的巢穴。在热带地区，蜂巢终年运行，可以长得非常大。其他的类群包括**蜾蠃亚科Eumeninae**的蜾蠃，它们不具有社会性，会为后代制作泥质的巢穴。

右图：大多数的**蜾蠃**及近缘的蜂类的泥质巢穴要么是瓶子状的，要么是黏在角落的一团。这种来自马来西亚的**狭腹胡蜂** *Eustenogaster calyptodoma*可真是名副其实的艺术家。

这种拉氏华丽蜾蠃*Delta latreillei*用水和黏土制作它们的泥巢。在澳大利亚的荒漠中，这种需求使得它们会大量聚集在非常珍贵的湿润沙地上。**华丽蜾蠃属*Delta***是一个非常大的类群，其成员广泛分布于欧洲、亚洲、非洲和澳大利亚。其中大多数的物种个头都很大，而且有着标志性的细长"蜂腰"。在它们的泥巢中，成虫会为幼虫准备一些毛虫。体长3.5 cm（1.4 in）。

这种**澳洲阿蜾蠃**Abispa ephippium的雌性来到水边吸水以用于制造泥巢，而雄性会飞过来将雌性从栖息的地方拽走，然后在飞行中交配。

阿蜾蠃属Abispa是蜾蠃中一个很大的属。它们会在各种角落、突出的岩石下、洞穴通道中或者人居环境中制造泥质的巢穴。有些从这种有很多腔室的大型巢穴中孵化出的雌虫会回到原来的地方，然后对原有的巢穴进行修缮和重新使用。在这些巢穴的腔室中，成虫会为发育中的幼虫准备被麻痹了的毛虫作为食物。体长3.5 cm（1.4 in）。

蜾蠃亚科Enmeninae的蜾蠃制作的典型壶状泥巢。人类建造的房屋，尤其是离开地面的那种，是全世界的蜾蠃最主要的筑巢环境。这张图摄于马来西亚。

马蜂亚科Polistinae的马蜂会用添加了蜡质的木纸浆（木纤维）筑造多层的巢穴。左图是一类最大而且最令人生畏的马蜂窝，它由多达数千头体长2.5 cm（1 in）的**武士马蜂*Synoeca septentrionalis***所建造。一大群这种马蜂会发出非常吵闹的"嗡嗡"声。它们螫刺引发的疼痛被认为是所有蜂类中的第一名，被这种蜂蜇了的人往往需要进行医学治疗。在中南美洲的一些林中道路时常修得迂回曲折，就是为了避开这种马蜂的巢穴。

上图所示的**马蜂**是一只蜂后，它正在开始建造新的巢穴。这些巢室中装着幼虫和它们的食物——毛虫。当这些幼虫羽化成为工蜂后，就能帮助建造巢穴了。体长1.5 cm（0.6 in）。

一些**胡蜂**和**马蜂**的巢穴表面会有覆盖物（顶部左图），不过其内部构造都和上图所示的这种露天巢穴差不多。这个巢穴由几层巢室组成，幼虫生活在巢室中。这是来自澳大利亚的**库氏铃腹胡蜂*Ropalidia kurandae***，体长1 cm（0.4 in）。

一只来自澳大利亚的**造纸马蜂**_Polistes dominula_正停歇在鸟盆的水面上吸取水分，然后和木纤维混合以制作巢穴。这种适应性很强的马蜂广泛分布于欧洲、亚洲、非洲，现在还传播到了澳大利亚。

来自欧洲的**造纸马蜂**。它们非常聪明地找到了一个废弃的蜜蜂箱，在其中建造隐蔽的巢穴。体长2 cm（0.8 in）。

这种个头巨大的**象棋马蜂**_Polistes schach_来自澳大利亚，体长2.6 cm（1 in），其螫刺可以引发剧痛。

胡蜂科Vespidae的最后一个类群，胡蜂亚科Vespinae的成员个头儿最大，也最危险。这一类包含约80个种，主要分布于北半球。

德国黄胡蜂Vespula germanica现在出人意料地扩散到了全世界。这是一个适应性非常强的物种，不仅吃昆虫，还吃水果、死掉的大型动物、人类的蛋糕和垃圾。在欧洲，它们在每个春天重建巢穴；不过在澳大利亚，它们完全没有休眠期，可以发展超过20 000只个体、包含多个品级的大型巢穴。它们的纸质巢穴时常建在地下，不过这些胡蜂越来越喜欢在人类的居所中筑巢。体长1.5 cm（0.6 in）。

左图：**黄边胡蜂Vespa crabro**是欧洲最大的胡蜂物种，它会非常成功地捕猎蜜蜂。体长3.5 cm（1.4 in）。上图：来自北美洲的**南方黄胡蜂Vespula squamosa**，它们正守在巢穴的入口处。在它们的巨型巢穴内有时能生活着超过400 000只个体。体长2 cm（0.8 in）。

胡蜂中最大的物种，**金环胡蜂Vespa mandarinia**当之无愧。图中的这只金环胡蜂正在吸取水分，用于制作筑巢所需的纸浆。体长3 cm（1.2 in）。

热带胡蜂Vespa tropica建造的悬挂式大型巢穴。这种胡蜂是热带分布的少数几种胡蜂之一，分布于东南亚地区。这个物种会猎杀马蜂。

泥蜂科Sphecidae也是一个很大的类群。与之相近的**方头泥蜂科Crabronidae**也曾经被划归到泥蜂科中，不过现在被独立出来了。这两类都属于捕食性的蜂，会将猎物麻痹后藏在洞穴或巢穴中，供幼虫取食。

方头泥蜂科Crabronidae中的**大头泥蜂属***Philanthus*包含着一些在英文中被称作"蜜蜂狼"的物种，因为这些欧洲的物种有着捕猎蜜蜂的习性。左图：**冠大头泥蜂***Philanthus coronatus*正带着它的猎物回到土墙上的巢穴。右图：**三角大只泥蜂***Philanthus triangulum*抓了一只蜜蜂，但蜜蜂太重，无法起飞。于是它将蜜蜂一点点地拖回巢穴。体长均约1.2 cm（0.5 in）。

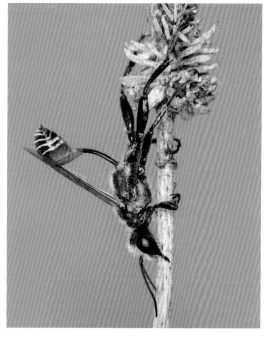

泥蜂科Sphecidae泥蜂通常有着极其细长的"蜂腰"。左图是一种来自澳大利亚的**沙泥蜂***Ammophila* **sp.**，专门捕猎毛虫。右图是来自非洲的**科氏锯泥蜂***Prionyx kirbii*，专门捕猎蝗虫。体长均约2.5 cm（1 in）。

方头泥蜂科Crabronidae方头泥蜂是独居的猎手，它们会将捕猎到的昆虫拖到洞穴中，作为食物提供给生活在其内的幼虫。左图是一种来自澳大利亚的**节腹泥蜂**_Cerceris sp._，它正在洞穴上方盘旋。右图是一种来自哥斯达黎加的**沙泥蜂**_Hoplisoides vespoides_，它正在将一只捕猎到的角蝉拖到洞穴中。它们有着高超的视觉和空间记忆力，飞到远处捕猎后，还能找到巢穴的原来位置。

使用工具并不是乌鸦和灵长动物的专利。左图的**方头泥蜂**会使用一块石头将洞口附近的痕迹夯平，然后将洞口封住。右图是**等齿泥蜂属**_Isodontia_的成员，它正在用一根木棍测量这根管子是否能放得下它的猎物蟋蟀。

沙蜂。**斑沙蜂属**_Bembix_中包含有超过380个种，它们都会捕猎胡蜂，并有着挖掘不会倒塌的沙穴的高超技艺。它们会为生活在沙穴中的幼虫提供各种昆虫作为食物。左图是**莫玛斑沙蜂**_Bembix moma_；右图是**马里巴斑沙蜂**_Bembix mareeba_，注意其用于挖掘的前足。

蚁科**Formicidae**中的蚂蚁可能是这个星球上最多的生物了。它们生活在各种各样的环境中，包括极端的沙漠、热带雨林，以及我们的家中。蚂蚁有大约13 000个得到命名的种。它们的成就归功于复杂、多品级、团结协作的社会组织，以及营造各种各样的巢穴和改造环境的复杂技能。它们巢穴的形式可能是生活着几个个体的一片卷起来的叶子，也可能是包含有数百万只蚂蚁的地下宫殿。由于个体之间有着非常复杂的化学"交流"，蚁群经常被认为是具有统一功能的"超个体"。它们会取食几乎所有的食物资源，比如真菌、叶子、种子、猎物，甚至会为了获得更多的工蚁而奴役其他物种。蚂蚁的防御手段也非常多样，比如大型的兵蚁有着一身蛮力，而有的蚂蚁会喷出蚁酸或其他化学物质，有的则能进行引发疼痛的螫刺。

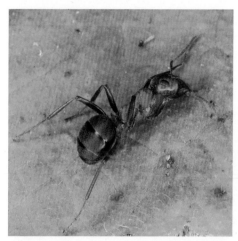 

红林蚁*Formica rufa*可能是欧洲最为人所知的蚂蚁了。它们的"蚁冢"（坟墓状巢穴）可高达数米，其中生活着400 000只蚂蚁。在外搜寻的蚂蚁如果受到打扰会快速地发动攻击，对入侵者展开撕咬、喷射蚁酸，让后者不堪其扰。体长0.8 cm（0.3 in）。

公牛蚁属*Myrmecia*包含大约100个种，其中的一些蚂蚁在澳大利亚又被称作**牛蚁**或**跳伞蚁**。这些蚂蚁是澳大利亚最为危险的动物之一，它们的螫刺攻击人能造成剧烈的疼痛，严重时足以致死。它长着令人生畏的上颚，随时准备将腹部伸向前方、进行螫刺。体长2 cm（0.8 in）。

来自澳大利亚西部的**剑齿牛蚁***Myrmecia mandibularis*。当它们的巢穴遭到入侵时，这些牛蚁会追逐、螯刺入侵者，不过远离巢穴后它们的攻击性会稍微下降一些。体长2 cm（0.8 in）。

金属皱猛蚁*Rhytidoponera metallica*是澳大利亚最常见的蚂蚁之一。它们会在任何地方觅食，比如尸体或花朵上。体长0.8 cm（0.3 in）。

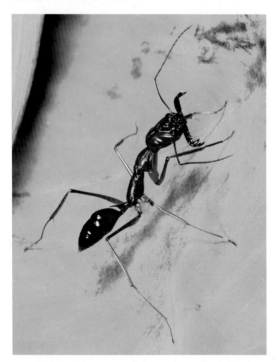

大齿猛蚁的上颚有着一种棘轮机制，能够依靠特殊的弹性肌肉锁定在图中这种夸张的张开姿态中。一旦释放，上颚就会在1/20 000 s内急速合拢，这也是动物中"咬牙"的最高速度，达到了230 km/h（145 mi/h）。这种相当于100 000个重力加速度的关闭运动带来的冲击波，甚至能将一些昆虫猎物的身体组织液化。上图中两种蚂蚁都属于**大齿猛蚁属***Odontomachus*，来自新几内亚，体长1.5 cm（0.6 in）。

来自南美洲的**武装毒针蚁***Daceton armigerum*，个体最大的具有锁定上颚机制的蚂蚁之一。相关的机制见上一页的描述。体长2.2 cm（0.9 in）。

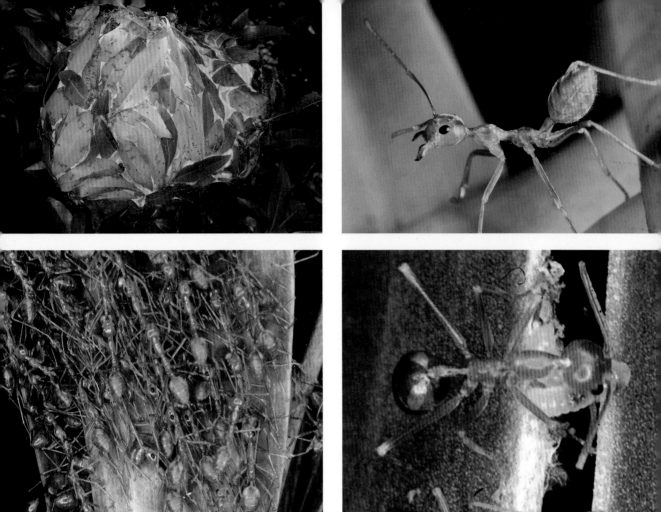

黄猄蚁*Oecophylla smaragdina*会用它们幼虫分泌的丝将叶子黏在一起建造巢穴，工蚁像使用喷胶枪一样叼着幼虫来完成这项工作（顶部右图）。在建造巢穴时，大量工蚁会像脚手架一样连在一起，将叶片紧紧地拉到一起（顶部左图）。它们在包围巢穴时非常凶猛，会进行团队攻击，哪怕身体与头部分离了，也会牢牢地咬住入侵者。它们柔软的腹部含有一些抗坏血酸（维生素C）而不是典型的蚁酸，这让它们成为一些地区人们喜欢的食物。体长0.8 cm（0.3 in）。

因为黄猄蚁的攻击性很强，很多其他的昆虫和蜘蛛会拟态这种蚂蚁以保护或者隐蔽自己。左图是一种来自澳大利亚的**蟹蛛**，它会偷偷接近并捕猎蚂蚁。中图是一种来自斯里兰卡的**跳蛛**。右图是一种来自新几内亚，无害的**蝽**的若虫。

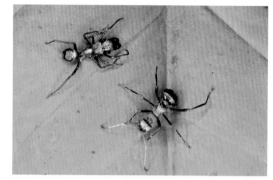

接下来是对**拟态蚂蚁**这个主题（前一页）的继续介绍。针对这种现象，我们还能举出数百个例子来。这方面的大师是**跳蛛科Salticidae**的跳蛛，它们会将8只足中的前足高高举起，像蚂蚁的肘状触角一样来回挥舞。顶部左图是一种来自马来西亚的跳蛛，左上图是一种来自澳大利亚的**蚁蛛Myrmarachne sp.**，顶部右图是同框出现的一种蚂蚁和拟态它的蜘蛛，左下图是一种来自马来西亚、完美地拟态当地蚂蚁的蜘蛛。

明亮的红色在**蚂蚁**中并不常见。左图是一种来自澳大利亚热带山地的未鉴定蚂蚁，而右图是来自加里曼丹岛的一种**举腹蚁Crematogaster sp.**。体长分别为0.8 cm（0.3 in）和1 cm（0.4 in）。

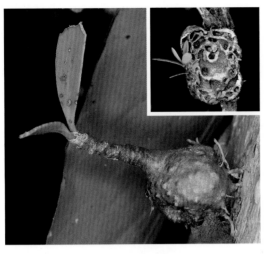

有一些蚂蚁和植物发展出了协同演化的关系。左图是一种产自东南亚的**刺蚁茜属Myrmecodia sp.**植物，它几乎长出了可以立即入住的蚁巢，蚂蚁搬进去之后作为回报，会驱逐取食这种植物的其他动物（右上角为切开状）。右图是产自中美洲的牛角金合欢的刺，这种植物会在叶尖长出可以食用的特殊组织，其中空的刺则可以给**伪切叶蚁Pseudomyrmex ferruginea**提供筑巢场所。作为回报，这种蚂蚁会驱逐该植物的敌人。

关于"自爆蚂蚁"的传奇听起来容易被人当作虚构的故事而忽略，然而这是事实。右图：在加里曼丹岛，身体较小的**桑德斯弓背蚁Camponotus saundersi**通过"自杀式爆炸"的方式，将其身体内部有毒、能够缓慢地杀死敌人的黏性物质粘到了大型的攻击者**阿玛多刺蚁Polyrhachis armata**的头部。左图：一种**举腹蚁属Crematogaster**的蚂蚁，体长0.3 cm（0.1 in）。它们也能够将身体上黄色的囊爆开，向攻击者喷射有毒的黏液。这种爆炸也是自杀式的，但能让入侵者失去行动能力。

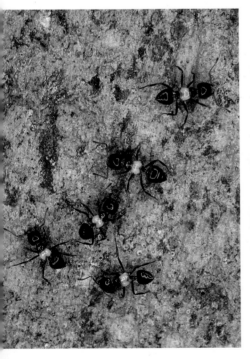
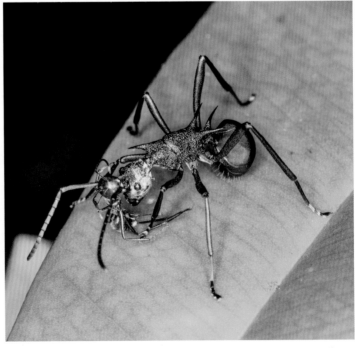

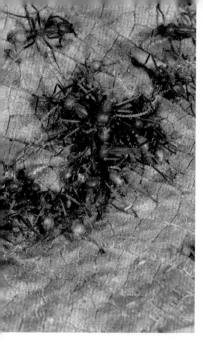

传说中来自热带美洲的**行军蚁**_Eciton_ **sp.**在现实中可不像电影所表现的那样。虽然兵蚁也有着巨大的上颚，但行军蚁基本上只吃其他昆虫，一般不会刻意地进攻人类。它们的整个群体会以"假巢"，即成千上万只蚂蚁组成的临时营地的形式度过数周时间，或者以最多可达200万个个体的规模进行"行军"。在行军道路上，它们会吃掉所有遇到的昆虫。在迁移过程中，也会有一些逃脱的昆虫被鸟类吃掉。

要说真正令人感到恐惧的蚂蚁，我们完全不用担心行军蚁，而是应该关注来自热带美洲的**子弹近猛蚁**_Paraponera clavata_，或者简称**子弹蚁**。它们的螫刺被认为是来自昆虫的攻击中痛感最强的。那是一种钻心而又火辣辣、长达24 h的疼痛，其反应是如此迅速，就像被枪打了一样。体长2.2 cm（0.9 in）。巴西的一个原住民部落会使用这种蚂蚁进行某种宗教仪式。

多刺蚁属*Polyrhachis*是蚂蚁中最大的属之一，包含着超过600个树栖种。该属的所有种都在胸部背侧长着标志性的长刺。它们的巢穴一般比较小，用丝线黏合。顶部左图是**紫荆华丽蚁***Paratopula bauhinia*，顶部右图是**白头多刺蚁***Polyrhachis senilis*，均来自澳大利亚。左图是来自印度尼西亚的一种多刺蚁，而右图是一种拟态多刺蚁，其实没有什么攻击性的蛛缘蝽科若虫。体长均约0.6 cm（0.25 in）。

基龟蚁*Cephalotes basalis*是龟蚁类，或者称作滑翔蚁类中的一员，来自南美洲。这类蚂蚁在树洞中筑巢，能在树木之间短暂滑翔。

一种**大头蚁***Pheidole* **sp.**，又称种子蚁的兵蚁，其巨大的上颚用于在地下巢穴中咬开一些种子。植物种子可以通过这些蚂蚁的帮助而得以破壳发芽，有一些甚至在表面长着一层供蚂蚁食用的组织。体长0.8 cm（0.3 in）。

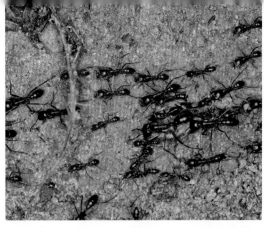

在非洲也有一些与南美洲的行军蚁相似的传奇蚂蚁。**烈蚁*Dorylus* sp.**的群体有着超过5 000万头个体，在它们的行军途中攻击遇到的一切生物，甚至包括人类。它们的撕咬会引发剧烈疼痛，但没有毒性。因为它们一旦咬上就不会轻易松口，在一些缺医少药的地区，人们把这种蚂蚁当成了缝合针，用来封闭伤口。当它们行军路过村庄或农田，它们会提供害虫去除服务，对庄稼帮助很大，不过在它们的大军到来时人们必须躲开。上图中的兵蚁体长1.8 cm（0.7 in）。

在澳大利亚，一只巨型海蟾蜍在一夜之间就被这种**食肉臭蚁*Iridomyrmex* sp.**吃得只剩下白骨。体长1 cm（0.4 in）。

如果你在厨房里发现了这类透明、令人讨厌的小蚂蚁，它们多半属于世界性分布的**黑头酸臭蚁*Tapinoma melanocephalum***，体长0.2 cm（0.08 in）。

金沙弓背蚁*Camponotus detritus*是在环境非常恶劣的纳米布沙漠的移动沙丘中生活的唯一一种蚂蚁。体长1 cm（0.4 in）。

记录下昆虫的"日常"生活瞬间，比如停下喝水的画面可不容易。这只来自加里曼丹岛的蚂蚁正在大口喝水，然后会回到巢穴将水分给其他同伴。

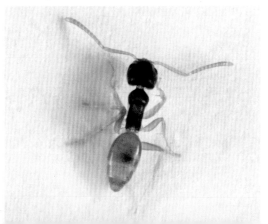

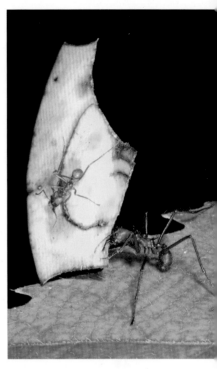

切叶蚁属*Atta*的切叶蚁在热带美洲森林中造就了很常见的奇观。它们铺就长达数百米的大道，在上面进行着繁忙的工作。它们有着蚂蚁中最为复杂的巢穴，数百万只蚂蚁共同生活在地下宫殿中，将叶片带回巢穴并在特别的房间中培养真菌。这些"农民"蚂蚁的食物来源就是它们养殖的真菌。左图是切叶蚁的典型通道，右图是一只举着一片叶子的兵蚁，而另一只小一点的工蚁站在叶片上，随时准备赶走那些试图寄生兵蚁的寄生性蝇类。

左图是一只兵蚁正在用它巨大的上颚切割叶片。兵蚁体长约1.5 cm（0.6 in）。右图这一部分介绍的最后一种蚂蚁也是个头最大的蚂蚁。这是来自东南亚的**巨弓背蚁*Camponotus gigas***，体长达2.8 cm（1.2 in）。它们虽然个头很大，攻击性却不高，主要吃其他昆虫分泌出的蜜露。

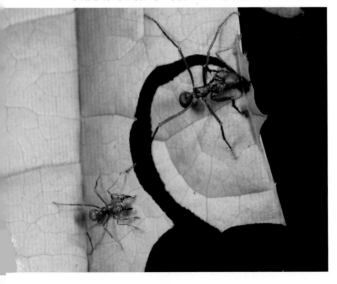

蜜蜂属于蜜蜂总科**Apoidea**。这个总科包含超过20 000个得到命名的种，分属7个科。它们都有一个共同特征——身上长着分叉的毛。大多数蜜蜂都没有明显的"蜂腰"，虽然它们确实也属于蜂类。常见的**蜜蜂属***Apis*的蜜蜂，小型无刺的**无刺蜂***Trigona* **sp.**，以及熊蜂都有着一定的社会组织和复杂的群体。不过蜜蜂总科的大部分成员都是独居性的，它们会为幼虫制造独立的巢穴或洞穴，并在其中准备花蜜或其他植物来源的食物。蜜蜂是最为年轻的昆虫类群之一，它们和有花植物一同演化至今。有一些科的化石记录只能追溯到距今约3 000万年前。这些蜂类的传粉习性对于生态系统来说是非常重要的。**蜜蜂属***Apis*的成员都有螫针，和胡蜂、蚂蚁不一样，蜜蜂的螫针是一次性的，螫刺之后蜜蜂也会死去。其他一些蜂类要么不喜欢螫刺，要么直接失去了螫刺的能力。

蜜蜂科**Apidae**中包含了常见的**蜜蜂**、**无刺蜂**、**木蜂**、**条蜂**等成员，总共有大约6 000个得到命名的物种。

世界上有两种被人们驯养的蜜蜂，**意大利蜜蜂***Apis mellifera*和**中华蜜蜂***Apis cerana*（左图），后者比前者要小一些，生活习性相近。右图是产自亚洲的**大蜜蜂***Apis dorsata*，它们的巢穴一般建在岩壁上或者高高的树枝上，其巨大的巢腔没有外墙。大蜜蜂的个头几乎是意大利蜜蜂的两倍，受到威胁时极具攻击性。

无刺蜂是好多个属的成员的通称，它们的群体一般规模比较小，会酿造比较稀薄的蜂蜜。它们的巢穴一般建在树洞中、树干下甚至墙壁上，有着标志性的树脂质管状入口。左图：来自哥斯达黎加的一种**无刺蜂***Tetragona dorsalis*，体长0.8 cm（0.3 in）。右图：产自加纳的另一种**无刺蜂***Hypotrigona* **sp.**正在守卫它们的巢穴入口，体长0.6 cm（0.25 in）。

更多无刺蜂。上图：睡莲花中的一只**无刺蜂**_Trigona_ **sp.**，摄于澳大利亚，体长0.5 cm（0.2 in）。左下图：一只来自马来西亚的**黑足无刺蜂**_Trigona atripes_正在采集猫须草粉红色的花粉，体长0.6 cm（0.25 in）。右下图：无刺蜂中体形最大的成员，来自加纳的**波氏无刺蜂**_Meliponula bocandei_。在原产地，有时人们会驯养这种蜜蜂。体长1 cm（0.4 in）。

蜜蜂科Apidae的木蜂属木蜂亚科**Xylocopinae**。该亚科包含大约500个体形粗壮的种，它们一般在柔软的活树干或者腐朽的木头中挖洞筑巢。顶部左图：来自澳大利亚的**金背木蜂***Xylocopa aruana*正在挖掘新的洞穴，体长1.6 cm（0.6 in）。顶部右图：来自加里曼丹岛，体形巨大的**阔足木蜂***Xylocopa latipes*，体长3.2 cm（1.3 in）。注意其后足上挂着一个橙色的小点，那是一只寄生性的甲虫幼虫。上图：来自南非的**卡弗拉木蜂***Xylocopa caffra*，体长3 cm（1.2 in）。

左图：来自印度尼西亚的**冠木蜂**Xylocopa coronata，体长2.5 cm（1 in）。右图：来自南非的**橙木蜂**Xylocopa flavorufa，体长2 cm（0.8 in）。

 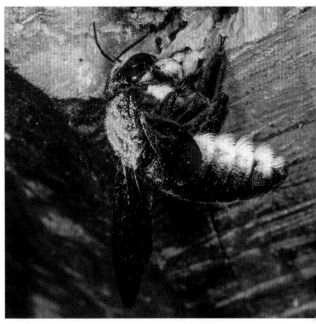

来自加纳的**毛足木蜂**Xylocopa varipes。和大多数木蜂一样，它会在开花的树周围飞舞，发出吵闹的声音。体长2.8 cm（1.1 in）。

来自肯尼亚的**黑木蜂**Xylocopa nigrita正在软木上挖掘新的洞穴。体长2.2 cm（0.9 in）。

英文中的**"杜鹃蜂"**主要指的是**木斑蜂亚科Nomadinae**的成员，不过有时也会与**蜜蜂亚科Apinae**的几个属相关，包括一种熊蜂。这些蜂类有着和杜鹃鸟相似的习性，会在其他蜂的巢穴中产卵，其幼虫会吃掉巢中储存的花粉以及寄主的幼虫。左图是来自澳大利亚的**丽艳斑蜂*Thyreus nitidulus***，它会入侵无垫蜂的巢穴。右图则是来自欧洲的**白眼艳斑蜂*Nomada leucophthalma***。

另一种**艳斑蜂属Nomada**的艳斑蜂。这个属有超过850个种，大多数看起来很像胡蜂，身体上也没有用于收集花粉的长毛，这是因为它们会窃取蜜蜂的工作成果。来自印度尼西亚。

维斯塔杜鹃熊蜂*Bombus*（*Psithyrus*）*vestalis*。这个亚属的**熊蜂属*Bombus***昆虫演化出了与杜鹃鸟相似的习性，会入侵其他熊蜂的巢穴，让后者的种群来照顾它们的成虫和幼虫。

除了蜜蜂和无刺蜂之外，大约250种熊蜂是另一类社会性的蜂类。熊蜂以小型的群体生活在地下，也有着蜂后和工蜂。左图：来自欧洲的**红尾熊蜂*Bombus lapidarius***的蜂后，体长2.2 cm（0.9 in）。右图：来自北美洲的**莫氏熊蜂*Bombus morrisoni***，体长1.6 cm（0.6 in）。

在欧洲很常见的**欧洲地熊蜂*Bombus terrestris***。它是很多庄稼的优秀传粉昆虫，被引入世界各地的许多国家以承担这项工作，其群体有最多400只熊蜂个体。体长2 cm（0.8 in）。

圆圆胖胖的**无垫蜂属**Amegilla昆虫是**蜜蜂亚科**Apinae的一类，它们在飞行时振翅速度很快，发出音调较高的嗡嗡声。它们在空中横冲直撞、短暂悬停，在大约1 s的时间内一朵一朵地访花。左图：**青带无垫蜂**Amegilla cingulata正在"抢劫"一朵花。如果花朵太长，这些蜂会在花的基部切开一个口子来偷窃花粉和花蜜，而不为花朵传粉。右图：**绿带无垫蜂**Amegilla zonata。

上图：雄性蜜蜂和胡蜂等时常会在夜间聚集在一起。这些**绿带无垫蜂**Amegilla zonata将它们的上颚紧紧地咬在一根细枝上，一动不动地度过夜晚。雌性（顶部右图）则会藏在洞穴中。来自澳大利亚，体长1.2 cm（0.5 in）。

条蜂属Anthophora包含大约450个种，它们都是独居性、多毛而粗壮的蜂类，会在地面或者土墙上筑巢。左图是一只来自欧洲的雄性**毛足条蜂**Anthophora plumipes，右图是从黏土洞穴中探出头来的另一种来自南非的条蜂。体长均约1.2 cm（0.5 in）。

这是名字恰如其分的**泰迪熊无垫蜂**Amegilla bombiformis毛茸茸的雄性，来自澳大利亚。雄性**条蜂**时常要比雌性要大一些，而且更加多毛。体长1.5 cm（0.6 in）。

来自澳大利亚的一种**无垫蜂**Amegilla rhodoscymna，体长1 cm（0.4 in）。

拟四条蜂属Tetraloniella是与**条蜂属**Anthophora（上一页）相近的一个属。虽然不是社会性的蜂类，它们在发现了合适的土壤类型后，也会以非常大的群体建造密集的巢穴。左图展示的是南非的一条被压实的土路，右图是正在忙着挖掘的一只雌性**拟四条蜂**。体长1.2 cm（0.5 in）。

这只**无垫蜂属Amegilla**的物种来自新几内亚，它正在一朵花前方盘旋，准备"抢劫"其花蜜。它有着长长的口器，可以在花朵基部钻出一个洞来吸食花蜜，而不需要从花朵的入口进入。这是一种对于那些长得太深、从前方无法吸到花蜜的花朵的适应。体长1.4 cm（0.6 in）。

有一部分**蜜蜂科**的物种因为触角非常长，被称作**长须蜂**，比如这种来自欧洲的**黑长须蜂Eucera nigrescens**。体长1.2 cm（0.5 in）。

毛足条蜂Anthophora plumipes有时也被称作**长舌条蜂**。它的长舌头能够得到花朵的最深处以吸食花蜜。来自欧洲，体长1 cm（0.4 in）。

这种**条蜂Allodapula variegata**虽然个头不大，却有着很大的复眼。非常敏锐的视觉使得这种蜂能够在近乎黑暗的环境下飞行觅食。它在空洞的植物茎秆中筑巢。来自南非，体长0.8 cm（0.3 in）。

兰花蜂可以说是蜜蜂中最漂亮的类群了。它们是蜜蜂科**Apidae** 5个属近200个种的通称。兰花蜂并不常见，它们生活在中南美洲热带森林的大树高处。雄性会为特定种类的兰花传粉，它们还会从兰花和其他地方提取香味物质并储存在膨大的后足上。理论上说，它们会用这些特殊的香水来向雌性求爱。

兰花蜂属*Euglossa*的3种兰花蜂被强烈的香气吸引过来，准备储备自己的香水。

有的兰花蜂，比如这种长舌兰花蜂*Exaerete frontalis*，会寄生在其他兰花蜂的巢穴中。来自哥斯达黎加，体长1.5 cm（0.6 in）。

一种未鉴定到种的兰花蜂*Euglossa* **sp.**，来自哥斯达黎加。体长0.8 cm（0.3 in）。

这种长舌兰花蜂**Euglossa ignita**展现出兰花蜂都有的高超悬停技巧。来自哥斯达黎加，体长1.2 cm（0.5 in）。

最大的兰花蜂之一，马里亚纳兰花蜂**Eurema mariana**，体长1.6 cm（0.6 in）。

长舌兰花蜂**Euglossa ignita**，可见兰花蜂的两个共同关键特征。箭头指向的位置是后足上膨大的香水储藏腔。腹部末端伸出来看上去像螫针一样的结构实际上是它非常长的口器，在不用时向后折叠于腹部下方，可以为花管非常深的兰花传粉（也可见顶图）。

上图：蓝兰花蜂*Euglossa sapphirina*。下图：粉兰花蜂*Euglossa purpurea*。均来自哥斯达黎加，体长约1 cm（0.4 in）。

隧蜂科**Halictidae**有超过2 000个种，是蜜蜂总科中的第二大科。隧蜂一般个体都很小，时常有金属光泽，雄性的面部大多有黄色的斑纹。有些隧蜂表现出了原始的社会性，有一些则像杜鹃鸟一样入侵其他蜂类的巢穴。不过大多数隧蜂都具有独居性，是在地面筑巢的蜂类，它们会在洞穴中为幼虫准备花蜜和花粉作为食物。

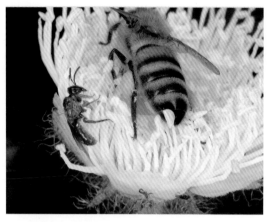

人们时常有一种误解，认为只有**蜜蜂**才是最主要的传粉昆虫。然而，早在人类驯化蜜蜂之前，传粉这一工作就有胡蜂以及其他成千上万种昆虫来承担了。这种**淡脉隧蜂*Lasioglossum* sp.**在蜜蜂面前就是个小不点，不过其传粉工作却干得毫不逊色。

淡脉隧蜂属*Lasioglossum*是世界上蜜蜂总科里最大的一个属，有着超过1 700个种。图中，一只来自马来西亚的**淡脉隧蜂**浑身沾满花粉，正准备回到刚刚建成的群体巢穴中。

这种身形微小的**盐隧蜂*Homalictus* sp.**来自澳大利亚，有着非常醒目的金属光泽。体长0.6 cm（0.2 in）。

这种**金绿隧蜂*Agapostemon* sp.**也是有着绿色金属光泽的蜂类之一。这类隧蜂会在地下的洞穴中群体生活。来自北美洲，体长1 cm（0.4 in）。

这种来自马达加斯加的**丽隧蜂**_Halictus_（_Seladonia_）_jucundus madecassus_闪耀着耀眼的金色。体长1 cm（0.4 in）。

这种**隧蜂**_Megalopta genalis_有着非常大的复眼，其探测光线的敏锐度可以达到其他蜂类的20倍，因而它能够在夜间飞行觅食。不同寻常的另一点是这个物种既可独居又可社会性群居。来自中美洲，体长1 cm（0.4 in）。

这种**隧蜂**正在"抢劫"花朵。它会将又长又尖的口器插到花管的最底部，偷取花蜜，而不向花朵给予应有的回报——授粉。来自哥斯达黎加，体长1.5 cm（0.6 in）。

分舌蜂科Colletidae有大约2 000个种，大部分分布于澳大利亚和南美洲。大多数蜜蜂会用被称作花粉刷的一团特殊长毛来收集花粉，不过分舌蜂科的很多成员没有这种构造，而是会用身体内部的嗉囊来储藏花粉。它们会在用于繁殖的巢腔内壁涂上一层特殊的光滑分泌物，所以又被称作"粉刷匠"蜜蜂。大多数分舌蜂都具有独居性。

在欧洲，**似分舌蜂*Colletes similis***是分舌蜂科仅有的两个属其中一个的成员。该属有大约400个种，大多数都具有独居性。体长1 cm（0.4 in）。

叶舌蜂属*Hylaeus*约有500个种，它们会将花粉储存在嗉囊中。**多变叶舌蜂*Hylaeus variegatus***分布于欧洲。大多数叶舌蜂属的成员在前额处都有着可以识别物种的特殊斑纹。

血斑叶舌蜂*Hylaeus sanguinipictus*是澳大利亚班克木的标志性传粉昆虫。体长0.6 cm（0.2 in）。

这是一只雄性**叶舌蜂*Anthoglossa callander***。在蜜蜂的世界中，雄性通常都要比雌性更大且多毛。来自澳大利亚西部，体长1.4 cm（0.6 in）。

在热带地区，蜜蜂类时常生活在开阔的乡村或者树冠层中。**分舌蜂科**的**古分舌蜂属*Palaeorhiza***成员又被称作"森林蜜蜂"，因为它们时常生活在雨林的阴暗角落中。顶部的两张图是来自澳大利亚丛林中的两个种。左图是来自印度尼西亚的一种**古分舌蜂*Palaeorhiza exima***，右图是来自新几内亚的另一个物种。体长均约1 cm（0.4 in）。

蜜蜂很少会拟态特定种类的胡蜂以保护自己，不过这种来自澳大利亚的**面花蜂*Hyleoides concinna***却是一个拟态的例子。体长1 cm（0.4 in）。

来自澳大利亚西部的**丽叶舌蜂*Hylaeus elegans***，体长1.2 cm（0.5 in）。

切叶蜂科**Megachilidae**的切叶蜂有超过4 000个种，被称为石匠蜂、树脂蜂、切叶蜂或者毛刷蜂。它们的名字来源于非常复杂的筑巢习性。它们在地面以上的巢穴会来自各种各样的建筑材料，比如树脂、毛发和叶片。大多数物种会被人工的蜂巢吸引。它们的身体一般较扁而不是筒形，而且收集花粉的花粉刷长在腹部，而不是像蜜蜂那样长在后足上。

这种来自新几内亚的**切叶蜂**Megachile frontalis正在用它腹部的毛刷收集花粉。体长1.5 cm（0.6 in）。

这种**尖腹切叶蜂**Coelioxys sp.睡觉时，非常奇怪地用上颚咬住植物，然后上下颠倒。因为它靠偷取其他蜜蜂的花粉储备为生，在腹部就没有收集花粉的毛刷。来自新几内亚，体长1.2 cm（0.5 in）。

切叶蜂属Megachile的成员有超过1 500种，大多数都切割叶片筑巢，少数则用树脂。左图为产自欧洲的**长青切叶蜂**Megachile bericetorum，右图是该属的另一个来自澳大利亚西部的种用树脂建造的巢穴。

大多数**树脂蜂**从植物上获取树脂，不过这种来自澳大利亚的**火尾树脂蜂***Megachile mystaceana*会跑到无刺蜂的巢穴外侧，偷取后者用于建造巢穴入口的树脂。体长1.2 cm（0.5 in）。

一种来自新几内亚的**切叶蜂**正在切割用于制造繁殖所用的巢穴的叶片。叶片上圆圆的缺口是切叶蜂的杰作，不过由于它们动作迅速，它们工作的场面并不容易被见到。

这种**盐切叶蜂***Camptopoeum friesei*生活在盐湖岸边或者干涸的湖底，在凝固的盐壳下方筑造地下巢穴。来自澳大利亚，体长1 cm（0.4 in）。

这种**盾斑蜂***Pachyanthidium cordatum*来自肯尼亚。它会使用植物的毛和树枝制造篮子一样的巢穴。体长1 cm（0.4 in）。

这种**切叶蜂***Megachile* **sp.**（**隐脊切叶蜂亚属***Eutricharaea*）来自干燥的澳大利亚西部地区。它们会在地面建造巢穴，或者利用树干上或建筑物中已经存在的孔洞。体长1.2 cm（0.5 in）。

这是来自新几内亚的**尖腹切叶蜂***Coelioxys dispersa*。虽然**切叶蜂**大多数都没有很强的攻击性，这只切叶蜂还是告诉我们，它们是有螯针的。体长1.2 cm（0.5 in）。

石匠黄斑蜂*Anthidium manicatum*所属的黄斑蜂属*Anthidium*的成员都会制作复杂的壶状巢穴，建筑材料有植物的毛、针叶树的树枝以及泥土。它们有时又会被称作"陶工蜂"。来自欧洲，体长1.2 cm（0.5 in）。

金色壁蜂*Osmia aurulenta*也属于**石匠蜂**类，分布于欧洲。图中的个体正在取食勿忘我的花。它们复杂的巢穴由泥土、黏土、树枝和植物毛混合而成。体长1 cm（0.4 in）。

这只**沙漠切叶蜂*Lithurgus* sp.**正待在当地的木槿花中。它会为这些花传粉，在其中取食，并度过夜晚。体长1.2 cm（0.5 in）。

地花蜂科Andrenidae的蜂类也会被称为石匠蜂。大约3 000种地花蜂会在地面上挖掘多分支的复杂洞穴，它们的幼虫生活在每个分支的最末端。它们比较喜欢开阔的地方，在世界各地的干燥区域都能被发现。

这种**埃及纹地蜂***Andrena aegyptiaca*所在的纹地蜂属有超过1 300个种。它会在坚硬的沙地上挖掘复杂的洞穴，其内有很多繁殖室。分布于欧洲和北非。体长1 cm（0.4 in）。

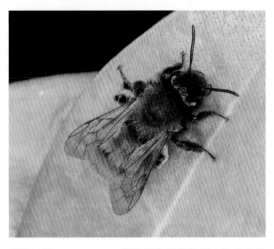

褐纹地蜂*Andrena fulva*是欧洲常见的物种。许多雌性会建造邻近的分支巢穴，不过它们不是群居性的。体长1 cm（0.4 in）。

灰纹地蜂*Andrena cineraria*分布于欧洲和亚洲北部。它会在草地上挖掘多分支的巢穴。

准蜂科**Melittidae**包含约200个种。它们和那些被传粉的植物有着非常密切的协同演化关系，有的种只访问一种特定植物的花朵。这是因为准蜂用花粉和花蜜，以及一些特定的花朵上分泌出的油脂来喂养幼虫。它们会把这些食物做成球状，深埋在防水的地下巢穴中。

来自非洲的**准蜂科Melittidae**的油蜂属*Haplomelitta*物种。非洲是该科物种演化的关键地区。体长1.2 cm（0.5 in）。

褐足大油蜂*Macropis fulvipes*只造访**珍珠菜属***Lysimachia*植物。这种植物有着丰富的油脂，可供褐足大油蜂的幼虫取食。来自欧洲，体长1.2 cm（0.5 in）。

一只**红准蜂***Melitta haemorrhoidalis*正停歇在**风铃草属***Campanula*植物的花上。在阴冷的天气下，很多蜂类都会在隐蔽的地方藏起来。来自欧洲，体长1 cm（0.4 in）。

术语解释

腹部
昆虫身体三大部分中的最后一部分，内含消化和生殖器官。

附肢
昆虫躯干上连接的分节的结构，比如足和触角。

无翅型
没有翅膀的类型。

节肢动物
节肢动物门Arthropoda的成员，它们都有外骨骼、分节的身体和附肢。

短翅型
翅膀比正常情况短的类型。

品级
在同一种社会性昆虫中，被分配了特定的工作的一类群体，比如蚂蚁和白蚁中的工蚁和兵蚁。

尾须
昆虫身体末端的一对分节附肢。蜚蠊的尾须有着额外的感觉功能。

几丁质
一种非常坚韧、塑料一样的多糖类物质，是构成所有节肢动物外骨骼的主要成分。

蛹
完全变态类昆虫的一个发育阶段。蛾子的蛹一般藏在丝质的茧中，而蝴蝶的蛹一般裸露且有明亮的色彩。

棒状
触角的末端数节膨大，像带有一个球的棍棒一样。

群体
社会性昆虫的个体集合。

完全变态
幼期（幼虫）与成虫的外部形态和生活方式大大不同，需要经过蛹的阶段才能变为成虫的发育方式。比如蝴蝶就要经过幼虫、蛹、成虫的发育阶段。

世界性分布
分布非常广泛，基本上可以在世界各地见到。

基节
昆虫足的最基部一节，有的时候会呈片状、固定在躯干上。

隐蔽
昆虫的形状和颜色可使其与环境融为一体。

角质层
昆虫外骨骼的最外面坚硬、分节的一层。

腐殖质
腐烂或正在被分解的有机物质。

背侧
也可以理解为顶侧或者上侧。

外寄生虫
寄生在寄主身体外部的寄生虫，比如蜱虫。

鞘翅
甲虫坚硬的前翅，发挥着盖子一样的功能，能够把用于飞行的膜质后翅保护起来。

局限分布
仅分布于一个特定的地区。

内寄生虫
寄生在寄主的身体内部的寄生虫。

真社会性
昆虫社会的最高等类型，有着各种各样的品级，比如有繁殖能力的个体和无繁殖能力的个体，以及建造和包围巢穴的个体。主要见于蚂蚁、白蚁和蜜蜂。

外骨骼
节肢动物，比如昆虫，长在身体外侧的骨骼。

腿节
又称股节，昆虫足5节中的第3节。

线状
像线一样的细长形状，用于描述触角的类型。

蛀屑
蛀木昆虫排出的木质碎屑，其中时常混有粪便。

翅缰
很多蛾类后翅上的一些刚毛，可以在飞行的时候如同尼龙搭扣一样，将后翅和前翅连锁起来。

虫瘿
植物的癌变式生长产生的组织。由一些昆虫的幼虫分泌产生的化学物质刺激后造成，这些幼虫就在其内部取食更加柔嫩的组织。

后腹部
蜂类腹部的后面一部分，其前面一部分是典型的细长"蜂腰"。

中唇舌
昆虫口器中的"舌"。蜜蜂用延长的中唇舌来取食花粉和其他物质。

平衡棒
双翅目昆虫的后翅退化后形成的器官，用于在飞行中控制平衡。

半鞘翅
蝽（半翅目Hemiptera）的前翅，一半硬化、一半仍为膜质，也可以参与飞行。

蜜露
蚜虫、蜡蝉和其他一些昆虫分泌的富含糖分的液滴，可以吸引蚂蚁前来取食；作为回报，蚂蚁会保护这些被"放牧"的昆虫。

拒水
一些物质与水不亲和的特性。

重寄生虫
寄生于另一种寄生虫的寄生虫。

成虫
昆虫达到性成熟的发育阶段。

不完全变态
幼期（幼虫）与成虫的外部形态和生活方式相似，不需要经过蛹的阶段才能变为成虫的发育方式。这些昆虫发育的阶段是渐进式的。

寄居性
一些动物，尤其是昆虫，居住在其他生物的巢穴中的习性。比如蚂蚁和白蚁的巢穴中就有寄居性昆虫。这是一种"社会性"的寄生现象。

龄期
昆虫幼期要经过许多次蜕皮，每两次蜕皮之间的阶段即为一个龄期。

盗寄生性
雌性胡蜂或者蜜蜂搜寻其他动物的巢穴，并将它们的食物储备抢走来养育自己的后代的行为。来源于希腊语的词根"kleptes"，意为窃贼。

下唇须
昆虫口器上，长在下唇侧方的一对分节的附肢，用于把持食物。

上唇
昆虫口器最前方的一个片状构造，看起来就像人的"上唇"一样，通常会将口器的其余部分盖住一些。

扇状
像扇子一样的多叶结构，用于描述昆虫触角末端数节的形态。

幼虫
完全变态昆虫，即要历经卵、幼虫、蛹、成虫的发育阶段的昆虫的幼期阶段。幼虫通常要经过4~6次蜕皮才能发育到下一个阶段。

幼态成虫
在一些昆虫的目中，有的雌性成虫变态完成后看起来就像没有翅膀的幼虫，但其实已经达到了性成熟。

侧面
昆虫身体的两侧。

上颚
昆虫口器中主要承担咀嚼任务、像一对大牙一样的构造，有时会特化成其他的结构。

咀嚼式口器
有发达上颚的口器，可以咀嚼食物。

下颚
口器中，在上颚后方的一对构造。

下颚须
口器中，每一个下颚上长有的1个须状构造，可以把持食物。在下唇须的前方。

膜质
一般用于描述翅。用于飞行的翅一般是透明、像膜一样的，比如蜻蜓的翅。

念珠状
像念珠一样的形状，用于描述每一节球形的触角类型。

蜕皮
昆虫脱去旧的表皮、长出新的表皮的过程。

若虫
不进行完全变态的昆虫的幼期。若虫看上去就像缩小版的成虫，但没有完整的翅和生殖系统，比如蝽类的若虫。

单眼
很多昆虫的头部，除了复眼之外，一般还有3枚结构简单、由单个透镜构成的眼。

产卵器
雌性昆虫腹部末端管状或剑状，用于产卵的器官，在有的昆虫中退化消失。在一些昆虫中则非常发达，比如螽斯和一些蜂有着很长的产卵器。

孤雌生殖
通过未受精的卵直接产生后代。只有少数的昆虫能进行孤雌生殖，比如一些竹节虫和蚜虫。

腹柄
蚂蚁腹部前方的两节，像"细腰"一样。

并胸腹节
蜂类中，并入胸部且很细的一节，即"蜂腰"。

植食性
取食植物的习性。

气盾
一些水生昆虫的腹面长有一层细密的毛，可以将空气固定在其间，供潜水时呼吸，看上去像一层水银一样。

喙管
延长的管状口器，可以用来吸食液体，比如蚊子的刺吸式口器，或者蛾子和蝴蝶卷曲的虹吸式口器。

腹足
一些蛾子和蝴蝶的幼虫腹部各节腹面，长有的吸盘状的、短小的成对突起。

前胸
胸部最前方的一节。在甲虫中，从背面看，头部和翅的中间一节就是前胸。

有翅型
有翅膀的昆虫。

有软毛的
身体表面长有较软的绒毛。

捕捉足
一些昆虫比如螳螂，就是非常特化的，可以用于捕捉猎物的足的类型。在其他一些类群中也演化出了类似构造。

感受器
动物身体上可以接收环境中的信号的器官。在昆虫中，有触角、体毛、下唇须和下颚须等。

弹性蛋白
一种像胶一样的、弹性非常强的蛋白质，被发现于一些昆虫的足和其他部位。收缩后，弹性蛋白可以将能量储存起来，如果快速舒张，可以释放出很大的能量以实现特别的运动，比如跳蚤的跳跃。

喙
坚硬的鸟喙一样的口器，见于蝽类（半翅目Hemiptera）等。可以用于吸食植物的汁液或者猎物的体液。

腐食性
取食腐烂的有机物质的习性。

鳞片
特化的毛，长在毛窝里面。通常宽大而扁平，比如蝴蝶的鳞片。

骨片
昆虫外骨骼中，任意一块独立的片状构造。

节
昆虫分节的身体中，头部、胸部、腹部、足或者其他附肢中的任意一段。

半社会性
社会性的昆虫中，同一代的雌性共同照料后代、繁殖和其他工作的分工并不完善。这是向真社会性演变的中间阶段。

锯齿状
像锯子的边缘一样有很多齿的性状，用于描述与之类似的触角类型。

刚毛
昆虫体表坚硬的毛。

社会性
群居生活的昆虫的一种生活方式，又可分为半社会性和复杂、多代个体同居的真社会性。

兵蚁
蚂蚁和白蚁巢中，通常有着强壮的身体、巨大的个头和发达的上颚，专门负责保卫巢穴的品级。

气门
昆虫体表的一系列开口，通常位于各体节的侧面，是呼吸系统的入口。

螯针
一些胡蜂、蜜蜂和蚂蚁的特化产卵器，不用于产卵，而是专门用于螯刺以及注入毒液。

鸣声
昆虫通过摩擦身体的两个部位而发出的声音。通常是足和（或）翅上的一些梳齿构造。蝗虫和蟋蟀都通过这种方式发声。

互利共生
两种生物生活在一起，对双方都有利的生活方式。

跗节
昆虫足的最后一节，像"脚"一样，通常有3~5个亚节，其末端时常有1对爪。

覆翅
一些昆虫变硬的皮革质前翅，尤其是螳螂、蜚蠊、蝗虫和蟋蟀的翅。

胸部
昆虫身体分部的中间一段，有3节，在头部之后、腹部之前。一般长有3对足和2对翅。

胫节
昆虫足的5节中的第4节，在腿节和跗节之间。

转节
昆虫足的5节中的第2节，在腿节之前。

音鼓
蝉用于发出声音的鼓膜一样的构造。

媒介昆虫
能够在不同寄主之间传播疾病的昆虫，比如某些蚊子和苍蝇。

脉序
昆虫翅膀上，翅脉的排列方式，可以用于描述物种的形态特征。

毒液
蜘蛛、一些昆虫比如蜂类，注入猎物或者前来攻击的动物体内的有毒液体。

退化
一些结构发生的缩小、变形等变化，通常失去原有的功能，比如一些昆虫中不能用于飞行、缩短的翅。

卵胎生
雌性直接产下已经孵化的幼虫，而不是卵。蚜虫和一些蝇类是主要的例子。

警戒色
一些昆虫体表有着非常鲜亮的、对比明显的斑纹，可以警告试图前来捕食它们的捕猎者，这些昆虫可能是有毒且很危险的。

扩展阅读

图书

Brock, Paul D. 2017. *A Photographic Guide to Insects of Southern Europe and the Mediterranean*, Pisces Publications.

Chinery, Michael. 2009. *British Insects: A photographic guide to every common species*, Collins.

Gooderham, J and Tsyrlin, E. 2012. *The Waterbug Book*, CSIRO Publishing.

Hoskins, Adrian. 2015. *Butterflies of the World*. Reed New Holland.

Kaufman, K and Eaton, Eric R 2007. *Kaufman Field Guide to Insects of North America*, Kaufman Field Guides, Turtleback.

Marshall, Stephen. A. 2018. *Beetles: The Natural History and Diversity of Coleoptera*, Firefly Books.

Marshall, Stephen. A. 2017. *Insects: Their Natural History and Diversity*, Firefly Books.

Marshall, Stephen. A. 2012. *Flies: The Natural History and Diversity of Flies*. Firefly Books.

Naskrecki, P. 2005. *The Smaller Majority*, Belknap Press of Howard University Press.

Naskrecki, P. and Wilson, E.O. 2017. *Hidden Kingdom: The Insect Life of Costa Rica*, Zona Tropica Publications.

The Natural History Museum, London, 1995. *Megabugs, The Natural History Museum Book of Insects*, Carlton Books.

Zborowski, Paul 2016. Bloodsuckers, Young Reed.

Zborowski, Paul 2010. *Can You Find Me?, Nature's Hidden Creatures*, Young Reed.

Zborowski, Paul, and Storey, Ross. 2017. *A Field Guide to Insects in Australia*, 4th Edition, Reed New Holland.

在线资源

Most museums around the world have great insect sites – look for them locally, and visit the museums if you can.

Australian Museum insect pages: australianmuseum.net.au/insects

University of Florida Book of Insect Records: entomology.ifas.ufl.edu/walker/ufbir

North American insect online guides:
    bugguide.net/node/view/15740
    www.insectidentification.org

Natural History Museum in London, insect site: www.nhm.ac.uk/our–science/ departments–and–staff/life–sciences/insects.html

general insect resources sites:
    www.insects.org
    www.insectimages.org/index.cf
    www.si.edu/spotlight/buginfo/incredbugs

索引

图像版权

图书在版编目（CIP）数据

令人惊叹的世界昆虫图鉴 /（英）保罗·兹波罗夫斯基著；王吉申译 . —郑州：河南科学技术出版社，2024.1

ISBN 978−7−5725−1278−0

Ⅰ.①令… Ⅱ.①保… ②王… Ⅲ.①昆虫−图谱 Ⅳ.① Q96−64

中国国家版本馆 CIP 数据核字（2023）第 152566 号

出版发行：河南科学技术出版社

　　　　　地址：郑州市郑东新区祥盛街27号　　邮编：450016

　　　　　电话：（0371）65737028　65788613

　　　　　网址：www.hnstp.cn

策划编辑：杨秀芳

责任编辑：田　伟

责任校对：丁秀荣

封面设计：张　伟

责任印制：徐海东

印　　刷：河南瑞之光印刷股份有限公司

经　　销：全国新华书店

开　　本：787 mm × 1 092 mm　1/16　　印张：28　　字数：675 千字

版　　次：2024年1月第1版　　2024年1月第1次印刷

定　　价：188.00元

如发现印、装质量问题，影响阅读，请与出版社联系并调换。